U0192092

Philosopher's Stone Series

哲人石丛书

立足当代科学前沿

彰显当代科技名家

绍介当代科学思潮

激扬科技创新精神

策　划

哲人石科学人文出版中心

当代科普名著系列

Les Paradoxes de la Nature

自然的悖论

合理与荒谬并存的进化之路

[法]弗雷德里克·托马 [法]米歇尔·雷蒙 著
杨 冉 译

上海科技教育出版社

对本书的评价

◇

焦虑能够救命吗？自绝是为了重生吗？生命进化彰显着大自然最神奇的魅力，能够将可能变为不可能，也能逆转不可能为可能！《自然的悖论》正好演绎了合理与荒谬共存的生命进化史。两位法国进化生物学家弗雷德里克·托马与米歇尔·雷蒙，以全新的视角、大量生物进化中出现的真实而貌似荒唐的案例，讲述了诸多不可能中的可能及其背后的原理。相信读者能在阅读这本书的过程中，从诸多乍看是悖论的故事里，感悟到真切而不一样的进化思想。

——卢宝荣，

复旦大学希德书院院长，生命科学学院教授

◇

托马教授与雷蒙教授的这本书将许多现代人看来习以为常的现象从进化生物学的角度进行了具有新意的探讨。进化具有方向吗？一定会从低级到高级吗？如果进化具有如此明确的指向性，从进化生物学的角度看，很多现象就很难理解，比如危害健康的癌症为何没有被进化淘汰？为什么会存在不利于繁殖后代的同性恋？为什么动物会发生离奇的自杀现象？风险很大的双胎分娩为何仍然以稳定的比例出现？对诸如此类的问题，两位在进化生物学领域颇有造诣的教授从生物学与社会学两方面一一给出了具有新意的看法，很值得关心人类社会走向的现代人一读。

在生物进化的漫漫长河中，往往会因地制宜地产生许多“创新”，而在时过境迁的现在，往往难以理解。因此，回到生物进化的当时，带着正确的进化观点才能理解这些“自然的悖论”。

——仇子龙，

上海交通大学医学院松江研究院资深研究员

◇

读到这本《自然的悖论》，我就想起小时候看的《动脑筋爷爷》，爱刨根问底的小朋友总是喜欢听动脑筋爷爷讲故事。弗雷德里克·托马与米歇尔·雷蒙就是这本书的"动脑筋爷爷"。他们把很多看似异想天开，实则理所当然的好玩问题用进化的针线缝补在一起。而他们之所以有如此魔力，我想是得益于160多年前达尔文《物种起源》这部宝典，它揭示了有史以来最伟大的故事——自然选择下的进化。无怪乎著名遗传学家杜布赞斯基说过："如果不从进化论的角度分析问题，生物学的一切都毫无意义。"让我们和作者一起戴上进化的眼镜去观察这个"合理与荒谬并存的世界"。

——任文伟，

生态学博士，世界自然基金会上海区项目主任

内容提要

动物有千奇百怪的形态，但为什么从没出现过长着轮子的动物？无性生殖“省时省力”，但为何代价更高昂的有性生殖才是主流？雄性动物往往有着独特的第二性征，但它们却容易因此而丧命，那这些华丽外表存在的意义是什么？繁殖对种群的延续至关重要，那为何许多动物会提前终止繁殖，甚至主动走上绝路？

以上这些看似奇怪甚至荒谬的现象都是生物界中存在的悖论。从表面上看，这些行为或性状有违逻辑，与个体的初衷背道而驰，但自然选择不仅没有将其淘汰，甚至还促进了它们的发展。其中的原因何在？

作为生物界的一分子，人的身上也有种种悖论。为什么本该服务于人的细胞会反过来攻击我们，引发癌症？摄入过多的糖会导致严重的健康问题，但人类为什么嗜糖如命？还有双胎、同性恋取向、左利手等我们熟悉又难以解释的生物学现象，它们的出现只是概率问题吗？

本书将为读者揭示这些悖论所蕴含的科学知识和目前提出的种种解释。悖论背后的原因往往出人意料，但正因如此，我们才能更好地理解身处的这个世界。

作者简介

弗雷德里克·托马(Frédéric Thomas),法国进化生物学家,法国国家科学研究中心(CNRS)传染病与媒介、生态、遗传、进化与控制(MIVEGEC)实验室高级研究员,癌症进化与生态学研究中心(CREEC)共同执行主任,曾获CNRS银奖。

米歇尔·雷蒙(Michel Raymond),法国国家科学研究中心研究员,蒙彼利埃进化科学研究所进化人类学团队负责人,曾获CNRS银奖。

CONTENTS

目录

目　录

引言

一个充满未解之谜的自然世界

假如一个夏夜，你在乡间看到一只蚂蚁爬上草尖并停留在那里，似乎要准备过夜，你可否意识到这个场景背后存在两个怪异之处？第一，你面前的这只蚂蚁和其他工蚁一样，不仅不能繁育后代，还会为了蚁后的生殖而终生奔波劳碌，这种情况在生物世界里非常罕见。第二，这只蚂蚁展现出一种自杀式行为，因为在一片羊群专挑嫩叶吃的牧场草地上，睡在一株草的草尖上无异于卧倒在一条繁忙的铁轨之上。

这只蚂蚁的行为就是一种悖论。从词源来看，"悖论"一词源自希腊语形容词paradoxos，意为"与普遍的观点相反"，表示与人们的期待、直觉、常识或理论框架相背离的情况。这一概念也用于形容明显不符合逻辑的矛盾或谬论。蛋与鸡出现的先后顺序就是一个很典型的例子。面对"先有鸡还是先有蛋"的问题，如果我们的回答是"蛋"，根据逻辑，下一个问题就会是"谁下了这个蛋"，回答当然是"鸡"，但这只鸡又必然是由另一个蛋孵出来的，我们因此陷入一个自相矛盾的情况。悖论的本质其实是谜团，它引人思考，让我们能更好地理解周围的世界。

本书专门用来阐述生物世界里的种种悖论，有些悖论看似复杂，但只是表象，个中缘由我们将为你娓娓道来。例如，雄鹿为何保留了体积庞大且会妨碍行动的鹿角，寄生虫又为何置宿主于死地。而其他的一些悖论会让你感到意外，因为它们的矛盾之处并非显而易见。有性生殖对科学家来说就是一个真正的谜,尤其是相比之下无性生殖显得那么高效,而矛盾之处在于,只有少数生物选择了无性生殖。这也是众多还未被完全解释清的悖论之一。

得益于科学的进步和知识的传播,许多曾经是悖论的现象已不再是谜:遗传的方式和性状的传递模式不再神秘,如今已成为初中阶段的知识内容。并且与其他生物相比,人类在染色体数量上也没有优势:人类的染色体数量与橄榄树或獾的相当,但比驴、母牛或母鸡的都少。人类拥有的基因数少于水稻的或小鼠的,而且基因组的大小也无特别之处。总而言之,自从科学摈弃了二元论,打破了各种赋予人类特殊地位却违背科学的神话后,人类在生物界的地位似乎平平无奇。科学的发展带来知识,一些悖论也迎刃而解。那么,悖论是否越来越少了?恰恰相反,新的悖论在不断出现。举个例子:还是在脱氧核糖核酸(DNA)和线粒体被发现之后,才出现了线粒体DNA的悖论。在亚细胞结构中发现遗传性令科学家感到困惑,但这个新的悖论正是知识更新迭代的产物:科学产生悖论,而又不断进步最终解决悖论。随后的研究表明,线粒体曾经是一种简单的细菌,这就解释了它为什么保留着一些细菌DNA的残留并具备遗传性,于是悖论解决了。

不过,在讨论生物世界的悖论之前,我们先要理解生命约38亿年前在地球上出现以来物种进化的方式。人类对进化机制的了解其实只有不到200年的时间,这要归功于英国博物学家兼古生物学家达尔文(Charles Darwin),他彻底改变了生物学。虽然拉马克(Jean-Baptiste de Lamarck)率先提出了物种进化的观点,但他提出的机制并不正确。于是达尔文提出以自然选择为物种进化的主要机制。随后的一些重大的科学发现(遗传方式、染色体、基因、DNA等)使达尔文的理论渐趋完整,而且,众多科学家的贡献及大量在自然界和实验室里开展的研究、测试和实验,让这个理论变得更加完善。它是目前能帮助人们理解生物世界各个方面的最佳理论框架。自然选择作为这个理论的支柱,其实很容易理解,只要满足以下三个条件,就会出现自然选择:变异(多个性状得到表达)、遗传(这些性状可以传递给子代),以及可传递的性状和后代的数量之间存在联系。

早期提出的例子之一是桦尺蠖(*Biston betularia*)。这是一种夜间活动的小飞蛾,白天它一动不动地停在树干上,与树干颜色相近的灰白色让它几乎隐形。由于基因突变,种群内会时不时地出现黑桦尺蠖,但这种颜色与树干形成反差,很容易被天敌发现,因此这些个体的存活率较低,繁殖得更少,最终,产生黑色个体的突变基因经过几代繁殖就逐渐消失了。整个桦尺蠖种群仍以灰色个体为主,就算偶尔出现几只黑桦尺蠖,也会很快被捕食者消灭。但在19世纪工业革命期间,污染导致桦树的树干变黑,更有利于黑桦尺蠖伪装,而浅灰色个体反而更容易被天敌发现。因此,在这种新环境中,捕食者的选择提高了黑色变异体的出现频率。一个世纪之后,污染减轻,环境再次发生反转,灰色变异体重新占据上风。桦尺蠖颜色的这种变异,无论是灰色还是黑色,它的本质是DNA上的基因差异,这种基因差异是由环境的选择决定的。

桦尺蠖的颜色是自然选择引起生物性状变化的一个例子。类似的例子不胜枚举,因此物种进化的原理不再是一个悖论。

一些悖论虽然已经得到解答,但答案往往只局限在专业的科学圈子内。因此,本书的目的之一便是阐述这些矛盾并引导读者去理解。还有一些悖论迟迟未得到解决。尽管科学家有很多研究的思路,而且往往能给出多种解释,但科学界始终无法达成一致,悖论也就一直存在。也许再过几年或者几十年,这类悖论才会真相大白,但解答这类悖论依托的是现有的知识,所以本书还将通过独立的章节介绍目前正在进行的这类悖论研究。尽管篇幅有限,我们仍希望尽可能地展示生物世界里丰富多彩的悖论,揭示这些悖论背后的科学原理。惊喜就在书中。

第一章

为什么动物没有长出轮子

随手翻开一本生物百科全书，我们可以看到，动物界从蚊子到鲸，从蛇到松鼠，植物界从雏菊到巨杉再到仙人掌，生物的形态可谓多种多样。一些生物会飞，一些生物会游、会挖洞、会爬……可能性似乎无穷无尽。但若仔细想想，还是能找到“真空地带”。例如，没有哪种动物长了轮子，也没有哪条鱼有螺旋桨尾巴，但运用这两种移动方式的人造设备非常高效。又如，龙这种既有四肢又有一双翅膀的脊椎动物从未存在。此外，脊椎动物最多只有两对足，而其他动物则更有创造力，比如节肢动物，其中昆虫有3对足，蜘蛛有4对足，虾甚至有10对足……这么一看，生物的形态特征似乎存在一些限制，某些组合无法同时出现。具体是哪些？

某种性状可能会得到表达，也可能根本不会出现。为了理解为什么，我们有两种研究方式：一种是研究这种特征是“如何”被创造出来的；另一种是探究它“为什么”存在。以斑马的条纹为例，从细胞和分子角度来看，条纹源自颜色应答基因的周期性调节，就像一台针织机交替使用黑色和白色的毛线。这解释了条纹是如何形成的。那这种条纹为什么会存在？答案在生态层面上：条纹对斑马来说是一种优势，它可以干扰舌蝇的视觉系统，使其难以识别猎物，从而令斑马摆脱舌蝇的侵扰，降低斑马被叮咬而患上非洲人类锥虫病的风险。因此，“如何”类的问题需要生物学上非常专业的解释,“为什么”类的问题则需要用到生态学和进化方面的知识。在本书中,“为什么”将引导我们去探索各种悖论。

翼龙的翅膀

龙之所以不存在,首先是体型原因。要想通过振动翅膀起飞,翅膀的面积必须足够大,且与体重相匹配,还要有相应能带动这对翅膀的肌肉组织。体重越重,翅膀越大、肌肉越重,这就相应地减少了身体其他部分的质量。所以鸟的体重有一个上限:体型最大的飞鸟,如大鸨,体重也不超过19千克。超过这个限度,肌肉的供能水平就无法支持振翅起飞。因此,鸵鸟在进化的过程中为了拥有更大的体型而选择了放弃飞行。不过,体型巨大的飞行动物确实存在过,如中生代的翼龙,其中最大的翼龙体重超过200千克。它们采取滑翔飞行的方式,没有了体重的限制,但在风力不够强劲的情况下,就无法振翅起飞。不过,翼龙会借助别的技巧,比如像撑竿跳运动员一样,用后肢推动躯体向前猛冲,再用强大的前肢将自己带到一定的高度后展翅飞翔。但对于科莫多巨蜥*来说,即使有翅膀,它也无法完成这种高难度的“表演”。所以巨龙只存在于神话和传说中。

同样地,没有哪种生物用轮子或螺旋桨行动,这很有可能也是因为生物学上的限制。如果一只动物用轮子代替了腿来行动,它就需要让轮子转动起来,转动的部分就必须与身体的其他部分分离,而且还得解决轮子的维护、修理及转动所需的能量传导问题。在生物世界中,鲜有的几种使用轮子或者螺旋桨的例子都是因为该部分脱离了有机体,如枫树的种子,它们在空中旋转以延缓降落,从而能飘得更远。

---

* 科莫多巨蜥,又名科莫多龙,是已知现存的体型最大的蜥蜴。——译者

动物不需要发明轮子

另一个限制源于自然选择。假设旋转系统在生物学上的限制得以突破,轮子可以变成动物移动的一种方式,那么借助轮子移动能有什么优势?在中生代时期,没有任何道路,轮子能在什么样的地面上前行呢?沙地、泥地、山地或高低不平的地面都不行。无论是开车、骑自行车、蹬滑板车还是穿旱冰鞋,在上面这几种没有道路的环境里哪怕移动几十米,连行人都可以轻而易举地超过你,因为你很容易就会被一个小坑或陡坡卡住。只有在像道路这样坚硬又平坦的地面上,轮子才是一种高效且节能的移动方式:在肌肉消耗同等能量的情况下,骑自行车的人比行人前进得远得多。第二代火星探测器"机遇"号(Opportunity)是一辆六轮动力车,但它却被一个高度仅30厘米的土坡卡住了5周,而任何与它身高体重相近的动物都能轻而易举地越过该障碍("机遇"号重180千克,高度约为1.5米,长度为1.6米,相当于一匹小斑马)。随着罗马帝国的衰落,北非的许多道路由于缺乏维护而无法通行。于是那里的人放弃了轮子,改用单峰骆驼出行。因此,无论是在地球上还是在火星上,先有了路,轮子才能成为一种更便捷的移动方式。

螺旋桨也是同样的道理。尽管不存在任何使用螺旋桨的水生生物,但对于一条鱼来说,螺旋桨是可以成为一种很好的推进器的。如果不考虑可能存在的生物学限制,对于一艘船或一条假设的"有桨"鱼来说,物理学家计算得出,螺旋桨通过旋转产生的能量中约有60%可以转化为位移。这个结果已经很不错了,但还有更优秀的表现吗?对于一条大鱼来说,它通过摆动尾部产生的能量中,有96%可以转化为位移。因此,一条"有桨"鱼虽然高效,但在面对有鳍的捕食者或竞争对手时,它仍处于极大的劣势地位。显然,相比于尾鳍,螺旋桨并不适合在水中移动,因此会被淘汰。在掌握了旋转系统的原理之后,现代科技将螺旋桨广泛应用于水上交通工具,但这并非效率最大化的途径。总而言之,轮子没有在动物世界出现的另一个原因就是自然的选择,这是因为,与鳍或爪的结构相比,水中的螺旋桨和地上的轮子都不是更节能或更高效的选择。

自然选择的缺席

自然选择的缺席可以解释很多情况。例如,没有任何一种飞行动物是直接从鱼类进化而来的,尽管"飞鱼"离飞已经不远了。其实好几种鱼都可以在水面上飞行一小段:它们拥有非常大的鳍,展开后堪比翅膀,并且对空气中的高含氧量有很好的耐受性。显然,只要再稍作努力,它们就能进一步提高自己的飞行能力,甚至能与海鸥一较高下。那它们为什么没有在这条看似正确的道路上继续努力呢?其实,这种短距离的滑翔飞行是为了能从捕食者的口中逃脱:鱼跃出水面,消失在捕食者的视线中,而飞行能提高其逃跑速度,甚至有助于转变方向来摆脱捕食者。其他一些动物,如飞行鱿鱼,也深谙这门技术。对于一条鱼来说,飞得更久或更高会是一种优势吗,这意味着更高的存活率或更强的生殖力吗?一直停留在水面上,鱼将无法觅食,毕竟连海鸟也都是潜到水下觅食的。尽管鱼的飞行能够让它躲过水中的捕食者,从而提高生存的机会,但它似乎没有任何动力去延长飞行的距离,虽然鱼食用的浮游生物大多集中在水面附近,但只有留在水中,鱼才能够进食。所以,飞得更高或更久的变异体没有被自然选择保留。正是因为自然选择的缺席,才没有出现能与鸟类媲美的飞鱼。

竞争也是一种限制

生物间的竞争作为另一种限制,解释了为什么退化后的器官通常不会再出现。我们想象一下,有一条生活在洞穴里的鱼,因为处于绝对的黑暗中,眼睛变得毫无用处。结果,视力下降的基因突变不会被淘汰,而改善视力的突变(更加罕见)也不再被选择。在几百或几千代之后,这种鱼就失明了。这就是在地下水系中生活的鱼类视觉退化的原因。它们还有一些其他性状的退化,如色素沉着,但同时也会发展出一些特殊的适应性,如其他感官变得发达。那洞穴鱼能在几千代之后再次恢复视力吗?假如它们时不时地到有光照的区域觅食并在那里待上更长的时间,这是否能让那些视力稍好的个体获得更多的食物,从而繁殖视力更好的后代?这是一种可能的情况,但条件是:视力中等的鱼要想处于优势地位,就不能有视力更好的竞争对手。然而,只要在这些与洞穴相连的海洋、湖泊和河流中存在视力很好的鱼,上述条件就难以实现。洞穴鱼方才感受到光线和阴影的变化,还没来得及看清猎物,就被从远处瞥见它的鳟鱼一口吞下了,更不用说行动快速的白斑狗鱼和其他的捕食者了。显然,由于和同一性状更出色的其他个体存在竞争,退化后的器官无法再次出现。视觉已经退化的洞穴鱼要想进化出视力正常的后代,先得除掉所有地表水中的竞争者,但这种情况从未出现过。不过,如果突然出现一个远离任何大陆的火山岛,这个地方的第一批"移民"将会是几颗被风带来的种子,接着是几只会飞的或者会游的动物,它们将在没有竞争对手的情况下肆意生长,探索各种可能的形态。在几百万年或者在更短的时间内,由这些最初的"移民"演变而来的物种在生态和形态上都会产生分化。因此,在加勒比海的众多海岛上,所有种类的蜥蜴,无论大小、陆栖还是树栖,都是由最早的那种蜥蜴演变而来的。同理还有夏威夷岛上各种各样的蜘蛛、牙买加岛上的地蟹,后者进化出一套独特的行为和生理特点以适应陆地生活,类似的情况还有波利尼西亚和马德拉群岛的某些蜗牛,以及科隆群岛上的燕雀等。6500万年前,一颗陨石坠落或一次火山爆发引起气候变化导致恐龙灭绝,彼时占据了绝大部分生态位的恐龙,无论是肉食还是草食,无论体型大还是小，都一下子消失了。于是，当时还低调不起眼的哺乳动物便处于没有任何竞争者的状态，在接下来几百万年的时间里，它们进化出了多种多样的形态以填补空出来的生态位。

机能之间的权衡

另一个主要的限制是各项机能之间的权衡。基因是分子层面的操盘手，间接影响着生物的发育、生理、形态和行为。但基因与生物的生理结构并不是一一对应的关系。事实上，只有单一作用的基因十分罕见，往往是一个基因对应着多种机能，它们或作用于身体的不同部位，或作用于生命的不同阶段。因此，一个基因的一次突变在改善一种机能的同时也会影响另一种机能，而且有时会是负面影响。在法国南部，人们用杀虫剂灭蚊后，发现蚊子的*ace-1*基因出现了一个突变，提高了其在杀虫剂环境下的存活率，但这种突变同时带来了一系列负面影响：蚊子感染某种细菌的风险增加，成虫体型变小，躲避捕食者的能力下降。然而这种基因在生存效应之下还是被选择了：蚊子在面对杀虫剂时获得了很强的抵抗力，同时付出了身体上的代价。不过负面影响是暂时的，蚊子将逐渐筛选出其他基因来弥补这些缺陷。另一个例子是生物的衰老，它是生物在生命前期生殖和长寿之间权衡的结果（见第七章）。因此，基因往往具有多重效应，生物对它的选择不是最优选，而是各种机能之间权衡的结果。

迁徙的必要性

最后，我们来看看迁徙的作用。当个体尚未适应局部的条件时，规律性迁徙会减缓或阻碍它们做出局部适应。这种现象的例证之一就是法国南部的蓝山雀：它们适应了以冬青栎为主的森林，因此产卵的时间偏晚。

因为雏鸟的主要食物是“限时供应”的毛虫，当树木发芽时，毛虫才会大量出现，而冬青栎的发芽时间相对较晚，所以，适应了冬青栎的蓝山雀产卵较晚。绒毛栎这种树的发芽时间要早得多。当来自附近冬青栎林的蓝山雀栖息于此时，它们在基因上已经适应了冬青栎的发芽时间，产卵的时间晚，于是错过了绒毛栎的毛虫高产期。这导致它们的后代数量少且营养不良，几乎没有竞争力。但由于蓝山雀不断迁徙，即使出现了更适应当地条件的个体（即产卵期较早）也无法被选择。有趣的是，在科西嘉岛上则出现了完全相反的情况。在那里，蓝山雀在基因上适应了以绒毛栎为主的森林，产卵较早。而那些生活在少数冬青栎林里的蓝山雀就因为产卵时间过早而错过了毛虫高产期。无论是在科西嘉岛还是在法国南部，蓝山雀都根据当地主要森林的特点进行了生殖上的优化，但由于它们不断迁徙，无法根据少数森林的特点进行局部调整。

在某些情况下，其他的现象也会影响生物进化的速度或方向，相关例子非常多。其中我们想简单地说说种群规模的影响：种群越小，它产生的遗传变异体就越少，在环境变化时，其进化的速度就越慢。

各种各样的限制减缓或阻碍了生物的进化，所以出现了种种矛盾。这些限制只出现在地球上吗，其他有生命的星球上是一样的情况吗？可以肯定的是，当我们发现另一颗存在生命的星球时，无论其重力水平、与恒星的距离或者大气成分如何，那里都会有各种各样的生物，但长着轮子或螺旋桨的生物恐怕还是不存在。

第二章

有性生殖意义何在

有性生殖在生物世界里是如此普遍而显得理所当然，我们还有必要去质疑它的存在吗？包括人类在内的约95%的真核生物（细胞具有细胞核的生物）都采用这种生殖方式，但它的存在仍是一个大谜团，衍生出了众多假说。我们只要稍加思考，就会意识到这种生殖方式实际上矛盾重重。

有性生殖包括减数分裂和受精两个阶段。减数分裂是成对的染色体数量减半并产生配子的过程，其中雌性产生卵子，雄性产生精子。一个卵子和一个精子结合之后形成一个受精卵，染色体数量恢复正常。对于雌性个体而言，这种生殖方式相当于放弃一半自己的基因组并同意用其他个体的一半取而代之。换言之，雌性个体仅将其基因组的50%传给了后代。然而，无性生殖似乎才是更简单也更合乎逻辑的选择。进行孤雌生殖的生物，只需要卵细胞就能繁育后代，从而将自己全部的基因传给下一代，不用再放弃自己的部分基因来接受其他个体的遗传物质。它们也不需要花时间或精力去寻找性伴侣。就算碰到了理想的候选者，也不用再盛装打扮去吸引它，更何况这些华丽外表的生产和维护成本往往都很高。想想雄鹿那笨重碍事的鹿角，再想想那些为了争夺伴侣而进行的费力又危险的搏斗（见第三章）！无性生殖不仅免去了求偶的阶段，还免去了交配的过程，要知道生物在交配时所采取的姿势往往不利于它们面临攻击时快速逃跑。因此，选择孤雌生殖不仅能降低被捕食者发现的风险，还能避免感染性传播疾病。反观有性生殖，其利他主义的特点可能还是一种“诅咒”。因为两种基因混合之后，本来已经完全适应当地环境的个体反而可能会生出一些不适应环境的后代……这种结果也太不符合常理了。

有性生殖的双重代价

并且，进行无性生殖的个体显然要高产得多。假设有两个雌性个体，一个进行有性生殖，另一个进行无性生殖，每个个体都有两个后代。前者平均而言产生一个雄性后代和一个雌性后代，而后者通过自我复制产生两个雌性后代。在子代选择有性生殖的个体中，只有雌性能够生育后代（在雄性的参与下），并且平均每次再产生一个雄性和一个雌性后代。而无性生殖的个体，两个雌性个体均可以产生两个后代，也就是说最后产生了4个雌性个体。因此在生殖方面，相比于有性生殖，无性生殖在数量上具有巨大优势。如果这个过程继续下去，不难想象，进行无性生殖的个体将快速扩大种群规模，挤占有性生殖个体的生存资源。因此，雄性个体其实代表着一种数量成本。

尽管成本如此高昂，但有性生殖在生物世界里却是如此普遍，因此它一定具备可抵消其成本的优势。50多年来，研究人员一直在寻找这些隐藏的优势。一直到20世纪60年代，对于有性生殖的出现和维持，主流的解释仍然是交配能产生多样的群体后代，从而加快有性生殖物种的进化。这种解释没错，但事实并非如此简单。交配确实能带来多样性，但这种逻辑站不住脚，因为自然选择青睐的是那些能在短期内为个体带来优势的性状，而不是那些从长期来看对物种有益的性状。因此，个体层面付出的交配成本可以被有性生殖带来的长期益处抵消的想法并不正确。

二倍体生物的有性生殖伴随着染色体分离和重组两个过程,从而产生既不同于父母又彼此不同的后代。有性生殖的一个好处或许是能在某些个体身上一次性累积有益的基因突变。而在无性生殖的情况下,本身只携带一个有益的基因突变的个体若想让后代拥有多个有益的基因突变,只能等待在偶然情况下,其基因组中出现第二个有益的突变。这个过程需要时间,甚至是很长的时间,因为突变是随机的,且大多是有害的。因此,如果有益的突变出现于不同的个体且它们之间没有交集,那么这些突变在下一代中只会平行出现而无法聚集到同一个个体身上。这样看来,有性生殖似乎是一种能快速累积有益突变从而加快进化的方式。但就像我们在前文提到的,那些能为下一代带来良好适应能力的基因组合也可能因为基因重组而被拆散。

所以事情并不简单。我们需要确定基因重组在短期内带来的优势是否多于劣势。在这个计算过程中,环境变化的速度当然是一个需要考虑的关键因素:如果环境一直在变化,与持续产生新的基因组合相比,保持原有的基因组合就不再是最佳选择了。在自然生态系统中,环境确实在变化,但在许多情况下,其变化速度不足以使上述假设成立,尤其是大多数寿命较短的物种也选择了有性生殖,它们的后代所处的环境往往与上一代的相同。因此,尽管从长期来看,基因重组似乎是一个明智的决策,它能累积各种突变,保证物种进化的能力,但有性生殖还应具备短期内的优势才能让这个选择成立。

进化走入死胡同

另一种假说认为,有性生殖不是为了累积有益的突变,恰恰相反,是为了通过基因重组避免有害的突变在后代中不断累积。正如前文所提到的,绝大多数的基因突变是有害的,基于这个事实,美国遗传学家穆勒

(Hermann Joseph Muller)于1932年提出了穆勒棘轮效应。该效应认为，自我复制会让生物进化走入死胡同，因为基因缺陷将不可避免且不可逆转地在后代中不断累积，直至后代无法成活，物种最终消失。而有性生殖可以避免发生上述现象。通过染色体的分离和重组，携带不同突变的雌性和雄性可以产生不携带有害突变的后代。不过这种优势也需要经过很长时间才能凸显，因为有害突变累积导致后代质量下降也是一个缓慢的过程。所以我们又回到了原来的问题，即有性生殖带来的短期优势是什么，仅有长期的优势难以解释为何大部分物种选择了有性生殖而不是无性生殖。

其他研究人员提出，解释可能存在于自然栖息地的多样性之中。根据“茂盛河岸”(法文为La rive luxuriante)假说，产生不同的后代的确是更好的选择，它们可以利用不同的生态位避免彼此之间的竞争。在瞬息万变的栖息地中，环境的改变可能是偶然和随机的，环境的异质性主要体现在时间上而非空间上。因此，鉴于有性生殖可以产生不同的后代，这样至少可以保证某些个体在对的时间出现在了对的地方。根据这个又被叫做“基因彩票”的假说，有性生殖是科学家所说的“两头下注”(bet-hedging)的一种方式，通俗来说，就是避免把所有的鸡蛋放在一个篮子里。

自私基因的玩具？

有性生殖实际上是生物被基因操纵的结果？加拿大渥太华大学研究员希基(Donal Hickey)于20世纪80年代初提出了这一大胆的假说。基因组中存在一些自私的DNA序列，它们能够自主复制和移动，被称为转座子(transposon)。该假说认为，这些基因也许能操纵宿主进行有性生殖，从而让它们从一个个体移动到另一个个体。若是这样，我们就不必探究生物进行有性生殖的益处了，因为这只是生物被基因操纵的结果。从原理上看,希基提出的这个假说并非天方夜谭。例如,在细菌界就存在一种名为质粒(plasmid)的环状DNA分子,它能够诱导宿主进行一种被称为细菌接合(conjugation)的行为,并通过此过程实现DNA分子在细菌之间转移。但这个假说仍无法解释为何生物长期保持着有性生殖的方式。面对这种生殖方式所代表的巨大成本,按照逻辑,任何能带来无性生殖的突变体都将很快受到青睐,以消除上述假说中对生物进行操纵的DNA序列。希基本人也承认,他的假说也许可以解释生物选择有性生殖的初衷,但仍无法给出其被长期保持的原因。

奔跑以停留在原地

再来看看著名的"红皇后假说"。这个假说是一个比喻,灵感来自卡罗尔(Lewis Carroll)的小说《爱丽丝镜中奇遇记》(*Through the Looking-Glass, and What Alice Found There*)。小说中,红皇后带着爱丽丝进行了一场无止境的奔跑。"我们为什么奔跑?"小女孩问道。红皇后解释道,因为风景一直在变化,只有不停奔跑才能停留在相同的位置。在生物体内,寄生虫会不断进化以适应宿主,因此对宿主来说,必须不断产生新的基因组合。根据这个假说,寄生虫本身寿命很短,更新迭代非常快,所以生物需要进行有性生殖,才能在每次繁殖时都产生对寄生虫有更强抵抗力的后代。这一假说曾在科学界引起巨大反响。因为广义的寄生生物包括细菌、真菌、病毒,它们广泛存在于所有的生态系统,给宿主带来了巨大的生存成本,直接或间接地让宿主变得脆弱,更容易被捕食者捕捉或感染其他毒性更强的病原体,降低宿主的生育能力或照顾后代的能力,直至宿主死亡。基于寄生虫的普遍性及其带来的后果,如果这个假说成立,那么之前一直存在的疑惑就可以被解开,即有性生殖在有诸多不便的前提下,一直被生物选择和维持是因为有这个短期内的明显优势。但该假说仍存在争议，一些科学家认为寄生虫带来的选择压力没有大到要让生物必须选择有性生殖才能避免或限制其带来的不良后果。截至目前，这个假说还是得到了许多研究的支持。例如，水蚤这种小型甲壳动物可以进行有性和无性生殖，而研究表明，有性生殖产生的水蚤后代对曾感染过上一代水蚤的寄生虫的抵抗力明显强于无性生殖产生的后代，而它们的基因都是相同的。生活在新西兰湖泊中的一种淡水蜗牛 *Potamopyrgus antipodarum* 也能进行有性和无性生殖。观察表明，虽然进行无性生殖的蜗牛繁殖得更快，但寄生虫也会专攻那些最常见的基因型，从而抵消无性生殖的数量优势。

蚜虫的两种生活

尽管上述假说都说明了有性生殖的优势，但它们都无法解释为什么这种生殖方式成为生物长期的选择，并且从数学模型上来看，在无性生殖中偶尔穿插有性生殖不仅能带来同等益处，还能节约相关成本。另外，如前文所述，即使是寄生虫带来的压力也不足以让生物一直采取有性生殖的方式。有些生物，如蚜虫，就是交替进行两种生殖方式以各取所长：它们在春夏进行无性生殖，在秋天转向有性生殖并产下利用休眠过冬的卵。因此，有性生殖进化过程中的真正谜团在于，为何自然选择使有性生殖成为包括人类在内的部分生物的唯一生殖方式。

4000万年的无性生殖

美国加利福尼亚大学河滨分校研究员农尼（Leonard Nunney）和法国国家自然历史博物馆进化生物学家古永（Pierre-Henri Gouyon）都认为，生物一直保持有性生殖可能是自然选择作用于所有物种的结果。他们的假说指出，能够进行无性生殖的物种都选择了这种方式，孤雌生殖的个体因而迅速地侵占了种群。但缺少了基因重组也意味着这些物种的遗传多样性极其不足，即在遗传上相对固定。由于进化能力低下，它们将无法适应长期的环境变化，包括气候、病毒或其他因素带来的变化。如果这个假说成立，我们可以得出两个结论：一方面，无性生殖的物种应该是由有性生殖的物种产生的；另一方面，它们应该是近期才出现的，因为那些进行无性生殖的古代物种几乎都因为无法适应环境或演变出新物种而消失了。总而言之，经过漫长的进化，能存活下来的物种应该不会再采用无性生殖方式。系统发生学（研究现存生物与灭绝生物之间的进化关系）的实验也证实，目前进行无性生殖的真核生物都很年轻，平均只有几万年的历史，这点时间在进化尺度上是非常短暂的。这些真核生物包括蜥蜴、鱼、昆虫等。但其中也有个别例外，它们的存在由于过于矛盾而被称为"进化丑闻"。例如，作为一种在全球范围内广泛分布的微生物，蛭形轮虫早在4000万年前就停止了有性生殖，但它们不仅仍然存在，还衍生出了上百个不同的物种！

模拟交配

一些近期转变为无性生殖的物种所表现出的特殊性尤其值得一提。*Cnemidophorus uniparens* 这种蜥蜴已经不存在雄性个体了，只剩下进行孤雌生殖的雌性。然而，进化遗留的习性使得两个雌性只有在进行模拟交配后才能触发排卵！同样地，还有若花鳉鱼（*Poeciliopsis*），这个物种已经没有雄性个体了，但其卵子只有在精子进入后才会开始发育，雌性个体只好求助于其他物种的雄性以获得刺激卵子发育的精子。

摆脱雄性的性骚扰

澳大利亚新南威尔士大学研究员邦德里安斯基(Russell Bondurian-sky)认为,雄性的性骚扰可能是生物维持有性生殖的原因,至少对于一部分物种来说是这样。竹节虫是一种大家很熟悉的拟态昆虫,其外表形似树枝或树叶。对于这种昆虫来说,交配只是一种选择。换言之,在没有雄性的情况下,雌性也可以通过孤雌生殖繁育后代。但当其种群内有雄性时,雌性就会进行有性生殖。然而,这个物种并没有像理论预测的那样,被进行孤雌生殖的雌性占领。对此,邦德里安斯基给出的解释是,有强烈性需求的雄性会不断攻击雌性,迫使后者进行有性生殖,产生雄性和雌性后代,从而阻止该物种转向纯无性生殖。因此,雄性的性需求可能就是竹节虫维持有性生殖的根本原因。在这种情况下,雄性就像雌性的寄生虫,只是为了把自己的基因注入可以生殖的机器。要想摆脱这种寄生模式,雌性需要发展出能够躲避雄性压力的机制。但在维持无性生殖的同时,还要想办法抵抗来自雄性的持续压力,这可并不容易,而且不是一蹴而就的。

有性生殖能防癌?

最后,近期还出现了一个新假说,该假说认为有性生殖是生物进化出的一种适应,用于预防由传染性癌细胞引起的感染。所以传染性癌症是主要的选择力量?有些人认为传染性癌症太罕见,因此不具备这种能力,对此我们可作如下反驳:可能正是因为有性生殖的普遍才让这些癌症变得罕见。大家可能忘记了,在疫苗问世以前,某些传染性疾病曾是主要的选择力量(随着这些疾病对抗生素耐药性的增强,它们可能会再次获得这种能力)。事实上,管理自身的“作弊细胞”及同一环境中其他个体产生的

“作弊细胞”是第一批多细胞生物面临的主要挑战。在多细胞生物诞生之初，生命第一次遭遇这种困境，而刚建立的癌症防御系统还很基础(见第五章)。目前仅有的几种传染性癌症，尤其是袋獾所感染的癌症，证实了这些癌细胞可以给宿主带来毁灭性的后果。

任何抵抗寄生性进攻者行为的第一步都是识别外来者。免疫学家称之为“非己”。将一只寄生虫识别为入侵者在生物学上似乎很容易，毕竟它是一个不同的物种，拥有和宿主不同的基因组。但要识别无性生殖物种身上的恶性细胞，这项任务就复杂多了。打个比方，如果你与邻居或者亲戚具有相同的基因组，从他们健康细胞中衍生出的癌细胞，既然可以躲过他们的防御系统，同样能躲过你的防御系统。当然，在理论上，只要有一种可以发现任何异常的超精密检测系统就能解决这个问题，但这个选择在生物学上是有风险的：攻击任何与精确的基因排布不相符的东西，很有可能会引起自身免疫病，即免疫系统可能会攻击有机体的正常组成部分。这在进化上是无法承受的代价。

有性生殖赋予了个体一个极大的优势：每个个体都是独一无二的，因此免疫系统能更好地识别所有“非己”的恶性细胞，从而将其消灭。这种优势可以避免后代感染癌症。那这个假说和关于寄生虫的“红皇后假说”有何不同？后者认为生物不断进化是因为在寄生虫和宿主之间存在一种竞赛。而根据传染性癌细胞假说，有性生殖可以在大多数情况下直接阻止恶性细胞的传染企图，为宿主建立一个长期优势。

这个假说将有性生殖看作生物的一种适应，以防止被传染性癌细胞感染，那么它是否与科学观察相符？在人类身上，偶尔会出现母亲在孕期将癌症传给孩子的事件。幸运的是，这非常罕见，部分癌细胞只有在进行了一些特殊的变异后，才能躲过胎儿免疫系统的识别。除了这些癌细胞伪装成功的罕见案例，母亲和胎儿之间的基因差异足以让后者的免疫系统发现并消灭入侵的细胞。根据最近的一项研究，一名患有宫颈癌的妇女在分娩时感染了她的双胎。但和预测结果一致的是,两名幼儿患者的免疫系统对恶性细胞发起了进攻,最终癌细胞并没有在他们身上扩散。如果这两个孩子的基因和母亲的一样,就像无性生殖那样,结果就很难说了。一些科学研究正对小鼠开展实验,这些雌鼠是等基因(isogenic)个体,雌鼠可以孕育与自己基因相同的胚胎。如果雌鼠在怀孕期间得了癌症,与它基因型相同的小鼠会从出生时就被感染吗?大量同类型的试验将会得出一个最终的结果。但其他研究已经证明,对于来自同一个受精卵的同卵双胎,也就是所谓的"真双胎"(见第十章)来说,如果其中一个患上白血病,由于二者基因型相同,另一个也很容易患上白血病。但如果是基因型不同的异卵双胎,就不会出现这种现象。水螅能够以出芽生殖的方式进行无性生殖,在这种情况下,母体的肿瘤就很容易传给后代,但当它们进行有性生殖时,情况就发生了转变。传染性癌细胞假说还提出,那些能一直维持无性生殖的古代物种,如蛭形轮虫,应该不会得癌症。而情况确实如此,这类生物还发展出了能引导突变细胞的适应,从而预防癌症的发生。

最后,还剩下一个关键的问题来验证这个假说的可靠性:如果说在过去,自然选择倾向于有性生殖是为了控制被癌细胞感染的风险,那么这个限制条件现在是否依然存在?答案是肯定的。每个个体的一生中都会产生癌细胞,因此感染风险无时不在。目前存在的传染性癌症印证了个体间相互感染的多种途径。同卵双胎的案例则清楚地表明,与其他个体基因相同会提高患癌症的风险。至于这个最新的假说是否成立,将来会有答案。无论怎样,科学家还会持续探索有性生殖这个悖论……

第三章

雄性动物的花哨外表是为了好看吗

很多动物的雄性和雌性区别非常明显，前者通常具有一些易于识别的体征，有时甚至过于夸张，如雄蓝孔雀(*Pavo cristatus*)的尾屏由150多根羽毛组成，有1米多长；雄戈氏极乐鸟(*Paradisaea decora*)的羽毛尤其艳丽；雄性欧洲马鹿(*Cervus elaphus*)长有巨大的鹿角……类似的例子不胜枚举。甚至在无脊椎动物的世界里，有些物种也会表现出这种性别二态性，如欧洲深山锹形虫(*Lucanus cervus*)，这种甲虫体长可达9厘米，雄虫的上颚比雌虫的要大得多。另一个例子是大西洋沙招潮蟹，雄蟹拥有一只长达10厘米的大螯，而雌蟹的螯还不到2.5厘米……如果没有明显的身体特征，雄性往往会通过其他能力来凸显自己，如发出较高分贝的鸣叫，或是进行长时间或高难度的求偶表演。

危险的美貌

雄性的这些性状大都花费不菲，且维护成本高昂，还会使雄性更难以摆脱捕食者或寄生虫的攻击。它们会因为鲜艳的羽毛或洪亮的歌声而更容易被捕食者发现，还要为此节约在其他方面的体能支出，如维护免疫系统正常运转所需的能量。笨重的鹿角也是类似的情况，长角要付出代价，而且它还构成了障碍,想象一下,当一群狼紧随其后时,长着大鹿角的雄鹿需要穿过枝丫繁多的灌木丛逃跑……显然,这些性状对于生存而言不是优势,与交配行为也没有直接联系,所以我们将其称为第二性征。这些昂贵又危险的性状到底有什么用? 在很长一段时间内,科学家都不理解为什么自然选择保留了这些障碍性的性状,而不是促进那些有利于伪装和隐身的性状发展。

达尔文革命

针对这个悖论,达尔文是第一个给出合理解释的人。进化之所以保留了这些代价巨大的性状,是因为它们能带来生殖优势作为补偿,即这些性状带来的生存劣势被异性接触机会增加这一优势抵消了。这种优势既可以表现在同性别个体的竞争中("同性内选择"),也可以体现在对异性个体的吸引力上("异性间选择")。因此,在提出自然选择的同时,达尔文还提出了性选择(sexual selection)的概念,即同一物种的个体为了交配而进行的斗争。的确,生殖才是关键所在,生存只是为生殖最大化服务的一个因素。个体获得异性性伴侣(及其配子)能力的差异使得性选择成为一种进化力量,最终成为自然选择一般过程的一种变形。从自然选择到性选择,环境也成了影响生殖的竞争因素,因为正是环境决定了基因的生殖价值。

两种形式的性选择(同性内和异性间)进化出了不同类型的第二性征。同性内选择有利于竞争类性状的进化,从而发展出能给肢体对抗增加力量、耐力或抵抗力的进攻型或防御型性状。在这类战斗配置中,常见的有高大的身材或雄壮的体型,以及角、距、大尖牙、獠牙、大螯、腹甲、避免颈部被咬伤的鬃毛,等等。如果竞争不是直接的肢体对抗,雄性会进化出能敏锐发现雌性的感官,这在昆虫界尤为明显。有几种在环境中分布非常广的飞蛾，雌性个体释放的信息素甚至能被1千米以外的雄性接收到。它们的目的当然是最快发现并找到有生育能力的雌性，因为“先到”就提高了“先得”的可能性。这种选择压力还会促进与游泳、爬行、跑步、攀爬、跳跃或飞行等运动相关的器官的发展，产生雄性先熟现象，即雄性个体早于雌性个体出现。短吻针鼹（*Tachyglossus aculeatus*）在冬季结束时，雄性会比雌性更早苏醒，为的是找到雌性并与之交配。

异性间选择则会带来提高性吸引力的性状，如长尾、冠羽、肉冠、颜色鲜艳的羽毛，以及求偶炫耀。通过瑞典研究者安德松（Malte Andersson）的实验，我们可以看到这些特征是如何影响动物对伴侣的选择的。红领巧织雀（*Euplectes ardens*）这种生活在非洲的鸟，雄鸟几近全黑，只在颈处有一圈红色，其尾羽长达30厘米。这名生物学家在人为延长某些雄鸟的尾羽后，观察到它们求偶的成功率比其他个体提高了一倍！相反，如果缩短尾羽，其求偶的成功率则会减半。因此对于这种鸟而言，雌性对雄性的喜好显然受后者第二性征表现程度的影响。

精子竞争

30多年前，研究人员发现精子竞争（sperm competition），性选择就变得更加复杂了。看来，雄性之间的竞争甚至延续到了雌性体内！这种情况主要发生在雌性与多个雄性交配的一雌多雄制（polyandry）物种中。为了能让雌性生殖道内的卵子受精，来自不同雄性的精子展开了竞争。在这种情况下，两种类型的性选择（同性内和异性间）仍然在发挥作用，雌性能够引导卵子选择它的父亲（我们称之为隐秘的选择）。某些昆虫将不同的精子储存在不同的受器（受精囊）内，雌性通过打开或关闭某个受精囊来实现对精子的选择。也存在其他方法，尤其是包括人类在内的没有受精囊的物种：卵子会释放一些有吸引力的化学分子，从而对精子进行筛选！

竞争还在继续。为了尽可能提高精子的成功率，雄性会运用多种策略。很多物种会采取反复交配的方式，雄性输送大量的精液来稀释潜在竞争对手的精液。在那些群居且个体密度很高的物种内，离开一段时间又返回的雄性就常常采取这种方式；这种现象在人类身上也会出现。如果雄性感知到周围存在大量的潜在竞争对手，它会直接改变射精量，北美洲的草原田鼠（*Microtus pennsylvanicus*）就使用的这种办法。另一个技巧是延长交配的时间，这样就从生理上阻止了其他对手进入雌性的生殖道，还能让自己的精子有更多的时间攻占领地。给雌性带一个交配礼物也是一个好主意，但这个主意可没有什么浪漫主义色彩。当雌性忙于收礼时，精子在不知不觉间大功告成了。

几年前，法国雷恩大学的蜘蛛研究专家卡纳尔（Alain Canard）教授曾告诉我们，有一天在养殖实验室里，他看到一只雄蛛殷勤地接近一只雌蛛，但它没有带苍蝇之类的交配礼物，那只雌蛛不但没有答应交配，还咬断了雄蛛的一只步足！不过这只雄蛛没有因此气馁：由于没有现成的苍蝇，它最终把残余的那只步足拔了下来，包在一个小茧里，然后带着这个非常"私人"的交配礼物再次回到了雌蛛身边。故事的结局：它终于得偿所愿。还有一些物种，如甲壳纲端足目，雄性会在交配后看住雌性：在交配后的若干天内，雄性会抓住雌性不放直到后者完全不能再受孕。俗称豆娘的束翅亚目（常与蜻蜓混淆）也很精明，雄豆娘的插入器上长有一种小刷子，能刷洗雌性的生殖道，从而清理对手先前交配时留下的精液。这种策略不是蜻蜓目的独门秘籍，在其他一些无脊椎动物、鱼类、鸟类和哺乳动物身上也能观察到。甚至有人提出，男性阴茎进化成的形态也是为了实现这个功能。另一个攻击性很强的策略是用有毒的精液向其他竞争对手发起化学攻击。在精子竞争的环境下，精子甚至实现了内部分工：一些精子负责受精，另一些则想尽办法帮助前者。某些物种甚至还有一类自杀性精子,它们的作用就是牺牲自己,与竞争对手的精子同归于尽。科学家曾开展体外实验,在人类身上寻找这类精子,但并没有找到。

一旦受精,雌蚊就几乎没有机会再接受另一只雄蚊的精液了,因为它的生殖道已经被堵上了。第一只雄蚊留下的精液像某种贞操带,确保其他的竞争对手无机可乘。这种策略并不罕见,包括灵长类在内的哺乳动物、昆虫及蠕形动物,都存在这种现象。此外,雄性会在雌性的生殖道中排放降低性欲的物质,使其失去吸引力,或不会被其他雄性接受。但在长期的协同进化中,雌性总会发展出有效的策略来破解雄性的伎俩。

高要求的雌性

通常在动物界,雌性对性伴侣的素质有很高的要求。对于大部分的物种来说,雌性在繁育后代上都投入了大量的时间和精力,这份投资绝不可以被浪费。首先是配子的大小(卵子体积更大),无论是鸟类产卵还是哺乳动物的妊娠和哺乳,都代表很高的生理成本,更不用说还有养育成本了。雄性可以通过增加性伴侣的数量来增加其后代的数量,但雌性的生殖潜力是有限的。因此后者更加注重质量而不是数量。不过也有例外,如雄性在社会层面压制雌性的物种,还有海马,这种鱼是由雄性来负责繁育后代的。雄海马长有腹囊,在长时间的求偶炫耀后,它们与雌海马交配,雌海马在腹囊中产卵,卵子随即在雄海马的生殖道中受精,并在这个血管丰富的环境中开始两到三周的发育。雄海马的生殖道就像胎盘,能为胚胎带来氧和营养物质(所谓的雄性怀孕)。胚胎留在雄性的腹囊中发育直到出生。因此对海马而言,雄性的生殖潜力相对有限,雌性之间则相互竞争。相应地,雌海马的体型更大,颜色更鲜艳。

雌性对雄性的选择有时会使雄性做出令人惊讶的行为,如在某些鸟类和鱼类中出现的求偶场(lek)。雄性会同时聚集在一个地方,在雌性面前表演。雌性普遍会选择那些颜色更鲜艳或者表演更具活力的雄性。最终只有这些被选上的雄性才能获得交配的机会。

某些受性选择影响的雄性性状与其生存并不矛盾,但为什么雌性还会偏爱一些不利于雄性生存的性状呢?如果这些性状表达与雄性的养育付出相关,对于雌性来说好处是直接的,这也可以理解。但许多物种的雄性只是提供精子,除此之外它们不为雌性提供任何帮助:没有交配礼物、没有领地、没有保护、没有养育付出……为什么雌性会偏爱那些携带不利性状的雄性?更何况这些不利性状会遗传给雄性后代,这个选择因此显得更加矛盾。

科学家提出了多种假说。首先,这种矛盾的偏好可能是由一种感官倾向(sensory bias)发展而来的。假如某个物种以某种特定颜色的食物为食,那些擅长发现并欣赏这种颜色的个体更受自然选择青睐。如果雄性的第二性征与雌性的感官倾向一致,就更有可能被雌性看到和喜爱。从原理上看,这个假说解释得通,进化常常拼凑现成的基因并发展出新的功能。因此,某个用来寻找食物的感官倾向被重新利用,用于寻找伴侣。某些鱼类如孔雀鱼,由于常常找寻掉落在水中、富含类胡萝卜素的水果,导致雌孔雀鱼对橙色变得非常敏感,极易被这种颜色吸引,在感官倾向的作用下,雌鱼对于那些橙色的雄鱼也特别有好感。如果雄性受偏爱的性状可遗传,自然选择就会开始发挥作用。这种性状的表达会在代代相传中不断增强,直至某一阶段,其负面影响超过了高生殖率的优势,如外形艳丽的雄性极易被捕食,此时,进一步加强性状表达的基因突变就不会再被选择。

性感儿子假说

英国遗传学家费希尔(Ronald Fisher)在1915年提出了失控选择假

说。试想一下，在一个种群内，超过一半的雌性偏爱具备某种性状的雄性。一开始，这种偏好可能与某个实际的优势有关，如带有这种性状的雄性有更高的生存率。雌性与这些受欢迎的雄性所产生的雄性后代既会从雌性那里继承这种偏好，又会从雄性那里继承这种有吸引力的性状。这些雄性后代也会有更高的生殖成功率。相应地，与这些雄性交配的雌性能生出对雌性极具吸引力的雄性后代，也就是生物学家所说的"性感儿子"(sexy sons)。但偏好所对应的基因和表达吸引性状的基因迟早会发生偶联，性状表达和选择偏好在进化过程中相互加强，导致进化失控，一代一代地增强该性状表达。顾名思义，失控不容易停止，直至带来相反的效果。因此，至少在某段时间内，该性状的表达程度太过显著而变得不利于雄性的生存。表达该显著性状的雄性的死亡率节节攀升，最终会终结这种可怕的动力，因为其付出的生存成本已经超过被雌性优先选择的优势。这种进化失控的过程听起来很有吸引力，但仍缺少具体的自然界观察案例。

花哨外表证明基因好？

第三个主要的理论是好基因假说。在前文中，我们曾提到两性之间存在的利益冲突：雄性通过尽可能多地交配来提高生殖成功率，但雌性的卵子稀少且珍贵，因此需要选择能提高自己生殖成功率的雄性。要想成为这个幸运儿，雄性就需要说服雌性。面对这种利益冲突，雄性会受到雌性选择的影响，进而大力发展能有力证明自身素质的特征。面对一个带有夸张外表且卖力表演的雄性，雌性可以获得许多信息：首先它身强体壮，这意味着它擅长寻找食物或者能够抵抗各种寄生虫；并且它还具备一定程度的躲避捕食者的能力，哪怕带着这些不利于生存的外表，它还是活了下来！这些生存障碍间接地向雌性展示了它的能力，而且这种能力水平与障碍性性状的表达程度成正比。所以,雌性只对成本高昂的雄性特征感兴趣,这样就能排除那些通过小聪明获得华丽外表却无力承担其成本的雄性。丹麦生物学家莫勒(Anders Pape Moller)的实验曾证明,人为延长天生短尾的雄燕的尾羽会缩短它们的寿命。

但由此又出现了一个新的悖论:如果说高品质的雄性能获得绝大部分的生殖机会,那么"好基因"理应在种群内普及开来,最终,雄性不就变得一样了?在进化生物学中,我们经常遇到这种悖论:当有变异出现时,自然选择才能发挥作用,但它反而会逐渐减少可供筛选的变异。至于性选择,还存在其他一些机制来维持遗传多样性。越来越多的研究表明,雌性的偏好是相对的:基因不同的雌性,它们眼中的"理想型"也不一样。而且从长期来看,近亲繁殖也会成为干扰项,过分偏爱某种类型的雄性将会损害后代基因的质量。此外,性状的表达程度还与雄性抗感染的能力相关,由于寄生虫在不断进化,相应地,某些性状也必须做出改变。

男性会像孔雀一样吗

那么人类是什么情况?在男女众多的生物学差异中,有些性状是因为男性之间的竞争而被选择的,如更强的肌肉力量、更强的疼痛忍耐力、更高浓度的睾酮等。此外还有一些源自异性间选择的性状,如影响女性吸引力的腰臀比,它量化了女性腰部的曲度,体现了脂肪组织在上下半身的分布情况。这种曲度在其他灵长类动物身上并不存在,却对男性有极强的吸引力。科学家对此提出了多种假说,以判断这个性状是一种质量信号(如更强的生殖力),还是失控选择假说导致的结果。但实际上,无论是源自同性内选择的性状还是异性间选择的性状,它们之间的区别不一定非常明显。男性的高大身材常常被认为是内部竞争的结果,但细想之下,这究竟是男性之间竞争的结果(高大的身材是一种优势),还是女性选择的结果(高大的身材更受青睐)？这的确很难说清楚,因为在等级社会中,这两种现象是相互作用的。高大的身材是一种提升社会地位的优势(各国领导人的身高普遍超过本国的平均水平),而社会地位又是影响女性选择的因素之一。

达尔文早在1859年就提出了关于性选择的初步设想,但这些想法在当时难以被人们接受,直到一个多世纪之后,在20世纪90年代,它们才得以真正发展。如今,性选择已经是一个客观的科学事实,而且从近期发表的研究成果来看,这个主题仍然令生物学家着迷。

第四章

捕食者一定是好猎手吗

一头猎豹对一只羚羊穷追猛赶了几秒之后，就放弃了追逐。一只北极熊在离一只肥美的海豹仅一步之遥时却失手了，只好饿着肚子空手而归。还有一种名为 *Meyenaster gelatinosus* 的海星，它捕猎的成功率只有2%，刷新了捕猎的最差纪录。一些食虫植物，如紫花瓶子草（*Sarracenia purpurea*）或眼镜蛇瓶子草（*Darlingtonia californica*），它们捕猎的成功率同样惨不忍睹。总而言之，捕食者屡屡献上"拙劣"的表演，动物纪录片的忠实观众想必看过上千次类似的场景了。为什么这些捕食者在捕猎方面的表现如此糟糕，这难道不应该是它们擅长的领域吗？然而纪录片没有撒谎。在自然界中，捕食者的表现不尽如人意，但猎物却往往是逃脱的好手。即使是速度冠军猎豹，出击的失败率也高达60%。

为生存还是为晚餐奔跑

为了理解这一现象，我们不能把全部的注意力都放在捕食者身上，而是要关注捕食者和其猎物之间协同进化的过程，以及在这场博弈中它们各自的利害关系。当捕食者发现猎物并追赶时，双方都开始加速，猎物拼命逃跑，捕食者预判前者的奔跑路线穷追不舍，而这场追逐也恰似两者在进化层面上发生的追逐。诚然,自然选择会筛选出最优秀的捕食者,但它同样也会在猎物这边筛选出最强的躲避者。一只狐狸追逐一只兔子是为了一顿晚餐而奔波,在大多数情况下,一次失败的后果并不严重:少吃一顿不会饿死,迟早还会有别的机会出现。相反,为了甩掉狐狸而逃跑的兔子却是为了生存在奔跑,一旦失败,代价将十分惨重。通过这个“晚餐与生存”的原理,我们可以看到,自然选择给猎物带来了更大的压力,从而让其变得更擅长躲避捕食者,而不是让捕食者更容易成功。

一顿晚餐的代价

除了“晚餐与生存”原理所体现的利害关系,其他利益权衡也对拉开捕食者和猎物之间的表现差距发挥了作用。“冒险晚餐困境”(dicey dinner dilemma)提出,如果捕食者为了捉到猎物要冒很大的风险,那它往往会选择放弃。猎物为了自保可能会伤害到捕食者,或者这场进攻会吸引其他的捕食者。因此,进攻(自始至终只是为了一顿饭)带来的后果是一个需要考虑的重要变量,借助这个变量,我们可以看到自然选择对捕食者的决定及其成功率的影响。对于猎物而言,它们正好可以利用捕食者这种不敢冒险的心理:自然选择有助于猎物不断进化其防御手段,从而提高捕食者攻击所面临的风险。

镜像进化

捕食者和猎物之间的协同进化对两类物种的很多标志性性状都产生了影响,包括眼睛的位置、体型的大小、对移动的感知和敏锐度、发出警报信号的能力、决定进攻还是逃跑的临界距离、用于奔跑的肌肉组织、自切(自行断离身体某个部位的能力,如蜥蜴断尾逃跑)、羽毛的易脱落性和比较鲜艳的外观等。它甚至还会影响动物的嗅觉或大脑的发达程度，有一项研究似乎可以证实这一点。这项研究表明，在鸟类中，被猎人击中的鸟的脑小于成功逃脱的鸟的脑。因此，生物的存在离不开捕食者和猎物的互相牵制，尤其是大部分物种既是捕食者又是猎物。

一些化石也留下了捕食者与猎物协同进化的痕迹。例如，为了应对捕食者的攻击，软体动物的外壳厚度发生了变化。而且，它们频繁发展此类防御手段的时期，正是其捕食者螃蟹改变钳子大小的时期。与此同时，在距今约4.5亿年前的奥陶纪晚期，自我保护技能衍生出掘洞这样新的分类单元。

不过，与其在此列举捕食者为了捕猎做出的种种改变，抑或猎物采取的相应躲避措施，不如来看看是哪些因素导致它们做出改变。从寻找和发现猎物到捕捉、杀死和消化猎物，只有理解各种因素在狩猎不同阶段发挥的作用，我们才能真正理解捕食者和猎物之间协同进化的过程。

特化捕食者

虽然捕食者常常拥有精妙的捕猎手段，但这也意味着它们彼此之间竞争激烈。这类竞争往往是恶性竞争，尤其是在其猎物相同时，捕食者甚至进化出了能干扰同类捕猎的手段。例如，某些种类的蝙蝠发出干扰同伴的信号，从而使其错过猎物。

如果捕食者属于泛化种（generalist specie），即食性广泛的物种，它错过一个猎物的成本就很低，毕竟还有很多其他的食物可以考虑。相对应地，自然选择也不会给它很大的压力去追逐那些难以捉到的猎物，避免得不偿失。所以在这种情况下，捕食者错过猎物却不奋起直追就没什么好奇怪的了。但对于只以一种类型猎物为食的特化种（specialist）来说，情况就完全不一样了：一再错过它唯一的食物，并且还付出了极高的追捕成本时,就可能会面临生存危机。在这种情况下,自然选择就会给这类捕食者更大的压力以提高其捕猎的成功率。不过相对应地,它们的猎物也会作出进化上的反应。

策略战

为了躲避捕食者,猎物一定要做出适应吗?答案也取决于它们所处的生态环境。相较其他死亡原因,猎物因被捕而死亡的概率会对其防御能力的进化产生影响。当捕食者和猎物之间有直接且频繁的互动时,对一方有利的进化就意味着另一方更高的生存成本。例如,某个食虫捕食者进化出了一种能力,能更高效地捕捉其所食用的昆虫,这会极大减少这种昆虫的数量。反之,如果这种昆虫进化出了新的躲避技能,捕食者就会做出改变。因此,自然界存在着许多复杂的循环,其内部上演不同的进化加速赛。如果某个物种获得一项新技能,它就可以在短时间内加速进化。这种现象在那些具有学习和社交传递能力的物种身上尤为明显,它们可以模仿同伴以习得新技能。这种模仿能力通常与生物体积庞大的大脑和其拥有的创新能力有关。某些黑猩猩种群会使用工具(棍棒)将猎物赶出树洞,或是用一些技巧来敲碎龟壳。海豚则会把腹足纲动物的巨大外壳带到海面上,然后倒过来摇晃,让寄居在里面的鱼统统掉到口中。约200年前,拥有巨大头部的抹香鲸就通过一次快速进化成功地避开了捕鲸者,只不过这次进化是策略上的改进而不是遗传学上的变化。面对虎鲸等天敌,抹香鲸习惯在近水面组成一个防御群,但当它们被捕鲸船包围、面对像雨一样落下的鱼叉时,这就是一个极其糟糕的策略。面对新危险,抹香鲸改变了策略,选择了深潜。在那个船舶以帆船为主的年代,抹香鲸机智地选择了逆风前行!年幼的抹香鲸跟着经验丰富的长辈,很快学会了这些保护自己的技巧。但在这场进化竞赛中,汽船和手榴弹鱼叉的出现让优势倒向了人类这边。现在，面对人类越来越先进的捕鲸技术，抹香鲸似乎束手无策了。如果再没有保护措施，这个物种可能会消失（见第九章）……由于协同进化，捕食者或猎物发生的任何改变都会打破原来的平衡。而人类有时就会利用这一点。为了避开牛角，狮子和其他捕食者习惯从牛身后发起偷袭。对此，博茨瓦纳农民在牛屁股上画上又大又圆的"眼睛"，从而干扰那些偷袭者。在印度，人们以同样的方式减少老虎的攻击，那就是在后脑勺戴上面具，因为老虎从来不从正面进攻。

迷惑敌人

伪装也是猎物常用的一种策略。许多昆虫长得像树叶、树皮或树枝，就是为了迷惑那些运用视觉发现猎物的捕食者。而为了躲避蝙蝠，一些猎物则进化出了能逃过超声波搜索的伪装，如飞蛾翅膀上的鳞片就能吸收超声波。还有的选择在树叶上保持静止从而不被移动雷达搜索到，但这个方法也有失效的时候，某些蝙蝠会把树叶作为声波镜，根据反射的回波发现伪装的猎物。很多物种的卵或幼崽无法行动，它们唯一的出路就是融入背景环境。欧石鸻（*Burhinus oedicnemus*）会在地上产卵，然后在鸟巢四周放上石子和植被作掩护。假如研究人员挪动石子和植被，减弱掩护的效果，这种鸟就会把材料归位，恢复对鸟巢的隐藏。捕食者同样会利用环境因素或特点。白鲨就会在光线强烈时趁机接近睁不开眼的猎物。某些臭虫会在微风吹过时接近蜘蛛，因为此时，蜘蛛难以察觉捕食者靠近所引起的蛛网震动。

自然选择在筛选出更高效的伪装手段时，也会让捕食者进化出更强的辨别能力。正是这种协同进化让许多物种拥有了令人惊叹的伪装技巧，如 *Deroplatys trigonodera* 这种螳螂，它形似一片腐烂的枯叶。某些物种还能在环境变化的瞬间改变伪装，其中就有墨鱼和变色龙。

为了让捕食者知难而退，猎物往往还有一些极具威慑力的手段，如刺；或是通过鲜艳的颜色彰显自身的毒性，我们称之为警戒色。内行的捕食者不会靠近这类猎物，只有那些初出茅庐的捕食者才会跃跃欲试。警戒色的选择至关重要，尤其是当猎物本身也是捕食者时，它选择的颜色既要能打消天敌攻击的念头，又不能吓跑自己的猎物。俗称“黑寡妇”的间斑寇蛛（*Latrodectus*）既是昆虫的捕食者，又是鸟类的潜在猎物。它的腹部有警示性的红色沙漏斑记，让鸟类望而却步，而它的猎物昆虫通常无法识别红色。还有一种方法就是减少与捕食者的接触，刚果特有的一种巨型蟾蜍 *Sclerophrys channingi* 通过模仿有毒的动物来吓跑捕食者：它的外表、行为和发出的声音酷似有剧毒的加蓬蝰蛇（*Bitis gabonica*）。某些鸟类也采用了相同的策略，如山雀：当捕食者靠近鸟巢时，正在孵卵的山雀会发出类似蝰蛇或其他蛇类的嘶嘶声。仅存于东非的冠鼠 *Lophiomys imhausi* 还有更高超的手段，它们咀嚼一种剧毒树木 *Acokanthera schimperi*，但不会咽下去，而是将汁液涂抹在皮毛上，为自己制造一件化学盔甲。当地的猎人还把这种厉害的毒药涂在矛尖上，用来应对鬣狗和野狗的进攻。

合作：一张进可攻退可守的王牌

不管是猎物还是捕食者，合作都能大大改变成本和收益的比例。合作进攻可以降低捕食者受伤的风险。集体狩猎常见于海豚、鬣狗或狮子这样的哺乳动物，在鸟类、鱼类和节肢动物中也很普遍。当然，合作意味着共享战利品。因此，一个庞大的团体有更多的机会捕获猎物，但每个个体分到的份额也可能变少。当捕猎者的数量超过一定限度时，合作进攻带来的收益会因为过高的分享成本而降低。对此，这些集体狩猎的团体会调整到最佳规模，既能够最大化狩猎的成功率，每位猎手分到的份额又不至于过少。同样地，环境因素也会影响捕食者的精打细算。一些电鳗会成群结队地狩猎，但团队的规模也受制于休猎期间周围环境中庇护场所的数量。不同物种也会进行合作狩猎，如某些章鱼和鱼会定时相聚，互相利用彼此的身体特征和狩猎技巧以尽可能提高成功率。

至于猎物，它们会在发现捕食者时相互提醒。在燕子或者旱獭的种群内，个体会在发现捕食者时发出警报声通知同类，但这一行为对于警报发出者来说很危险，因为它同时向捕食者暴露了自己的位置。不过，承担这种风险并非全然是利他行为，受益于此的个体通常是它的亲友（见第八章）。但其中总有机会主义者，如华丽琴鸟（*Menura novaehollandiae*）中的雄鸟会故意发出警报声，让其他同类误以为有捕食者出现或有其他危险。它的这种做法其实是为了让雌鸟在交配时停留更长时间，或是留住那些因为对雄性不满意而不考虑交配的雌鸟。还有研究表明，山雀有时也会在没有危险的情况下发出警报声，从而吓跑正在进食的同类或者麻雀，然后坐享其成。

猎物的团队合作还能迷惑捕食者，或让群体的规模看起来大得多。为了寻求保护，不同种的猎物也会合作：糠虾（*Mysidacea*）就给自己找来更强壮的奠眶锯雀鲷（*Stegastes diencaeus*）当"保镖"。作为交换，它们的排泄物为奠眶锯雀鲷所食用的藻类提供了优质肥料。但有时，提供保护的对象和我们想的完全不一样。例如，保护小嘴乌鸦（*Corvus corone*）雏鸟的就是一个"鸠占鹊巢"者：大斑凤头鹃（*Clamator glandarius*）雏鸟占用鸟巢，释放一种能赶跑捕食者的气味。不过，只有当这片区域有很多捕食者且小嘴乌鸦的雏鸟还在鸟巢内时，这位小小入侵者提供的保护才算有效。而且，不同物种联合对抗捕食者的做法并非都是真心合作，有时反而是一方对另一方的操控。所谓的"保镖"可能只是在不知情的情况下被操控的个体。瓢虫茧蜂（*Dinocampus coccinellae*）会把虫卵和一种神经麻痹性病毒一起注射到瓢虫体内，虫卵在瓢虫体内变成幼虫，并以瓢虫的内脏为食，之后幼虫会爬出尚有余息的瓢虫，在外面结成茧，但被麻痹的瓢虫会原地守在虫茧顶部，跳动着保护虫茧，就像一个活盾牌。日本紫灰蝶（*Narathura japonica*）的幼虫也以类似的方式操控了蚂蚁，科学家发现，这些幼虫的分泌物不仅有营养，而且像毒药一样能让蚂蚁上瘾，引诱蚂蚁不惜离开蚁巢成为灰蝶的卫士。

可恶的作弊者

当捕食者合作狩猎时，坐享其成者的出现是在计算成本收益时常常忽略的一个变量。这些个体没有参与狩猎，却来分享战利品，导致平均份额变少。坐享其成者可以是同一物种的其他个体。例如，雌狮中存在4种典型的个体：总是参与狩猎的、在某些条件下参与狩猎的、在某些条件下坐享其成的、总是坐享其成的。这也是公地悲剧中提到的问题（见第九章）。坐享其成者也可能来自其他物种。狮子或鬣狗就经常偷吃猎豹捕获的猎物。而且这些"小偷"还会发起围攻（mobbing）。不过在这场进化的游戏中，猎豹也早就做出了反应：它们调整了自己的习性，会更快地吃完猎物，或是习惯性地把猎物藏好，放在一个安全的地方，比如藏到树的高处。

捕食者与猎物谈判

猎物和捕食者可以就狩猎的成本收益进行协商吗？这个想法乍一看有些荒唐，但猎物和捕食者之间确实会时不时地沟通，避免浪费各自的精力。对于猎物来说，如果可以通过某种特定的行为让捕食者知道，它成功的概率很低甚至毫无机会可言，也不失为一个好办法。而且，做出这种劝退行为需要消耗的精力比展开一场生死追逐要少。所以捕食者也是受益方，它可以避免展开一场消耗体力却一无所获的进攻。为了实现这种沟通,猎物需要为这种劝退行为付出一定的代价。这和在性选择中出现的昂贵性状道理相同:假设这些行为无须付出代价,任何个体都将实施这些行为,这会导致其失去原本的劝退作用。多种瞪羚在有捕食者靠近时,都会做出一种被称为径直起跳(stotting)的奇怪行为。在这个节骨眼上,瞪羚没有立刻逃跑,而是在原地反复起跳。它们正是通过这种很消耗体能的行为来告诉捕食者,它要攻击的是一些非常健康且体能充沛的猎物,这也能将捕食者的注意力转移到那些身体素质较差的个体上。为了避免自己被攻击,猎物可谓无所不用其极。比这更极端的例子还有大头丽脂鲤(*Astyanax bimaculatus*):鱼群受到攻击时,群内的个体会互相攻击和撕咬,捕食者会率先攻击那些负伤的个体。

装死

当猎物落到捕食者手中时,它是否还有最后一线生机?一些猎物会采取装死(thanatosis)的策略,因为它们的捕食者不是食尸动物,食用尸体有风险。换言之,到了这个阶段,猎物已无法再提高捕食者的狩猎成本,只能试图让后者相信吃了猎物的后果会很严重。这种装死行为在哺乳动物、昆虫、蜘蛛和爬行动物中都能看到。在那些存在性食同类现象的物种里,雄性和雌性交配后,为了避免被雌性吞食(见第八章),也会实施这个骗术。负鼠装死的时间可达4—6小时,它甚至还能通过肛门的腺体释放尸体的气味!

不过,捕食者也会利用这个策略来诱捕有食尸习惯的猎物。生活在非洲湖泊中的利氏雨丽鱼(*Nimbochromis livingstonii*)就采用了装死的伎俩:它侧身躺着,像一条死鱼一样一动不动,然后伺机吞食那些过来享用"尸体"的小鱼。学名为 *Claviger testaceus* 的一种甲虫也非常狡猾,它会在蚂蚁面前装死然后被抬进蚁穴,一旦进入蚁穴,它就可以尽情地享用蚂蚁的幼虫了。

逃跑高手

其他猎物，如斑鸫或啄木鸟，它们更偏向于另一种策略：利用捕食者之间的竞争关系。当它们被一群斑尾林鸽包围时，会发出一种特殊的“恐怖”叫声，吸引其他的捕食者过来夺食，在一片混乱中，它们就有机会逃走！只是这场赌博并非胜券在握。而在绝境之中逃跑的高手非铁线虫（*Paragordius tricuspidatus*）莫属。这种寄生虫会感染蟋蟀并操控它们的行为，驱使其主动投水自尽，这样铁线虫才能在水中交配和产卵（见第八章）。但一只在水面扑腾的蟋蟀很容易吸引像青蛙或者鳟鱼这样的捕食者。万一蟋蟀在铁线虫逃出去之前就被吃掉了，事情会如何发展？蟋蟀当然没有生还的可能，但铁线虫不仅能够逃出蟋蟀的尸体，还能够向上爬到蟋蟀捕食者的消化道里，再从它们的鼻子、鼻孔或者鳃孔溜出去！这种出色的逃跑技能源自其身体的两大优势：铁线虫呈线形且具有一定的硬度，因此能在食管内前行而不会被再次吞下，并且它会通过有力的扭动以最快的速度逃出不利于其生存的消化道。真可谓分秒必争。某些鱼类、昆虫或甲壳类在被吞下或死亡后，仍能够排卵以保留后代，这些卵通过捕食者的消化道被排出后可以继续生存。这种内携传播（endozoochory）现象在植物与动物间也很常见，但植物往往是主动借助动物的消化道来传播种子，而在此前描述的现象中，动物都是不得已而为之的。

局部适应

生物为了进攻或防守发展出的适应，其成本收益会根据所处的生态环境而不断变化。因此，某些适应只会出现在部分种群内：这就是所谓的局部适应(local adaptation)。例如,当被捕食的风险很高时,使用断尾术逃跑的蜥蜴就会增多。相反,当蜥蜴所处的环境中没有捕食者(例如在海岛上)时,它们往往就丧失了这种防御技能。因此,我们更能够理解为什么在这些环境中引入捕食者,抑或其自然入侵,都会招致灾难性后果。没有跟捕食者经历协同进化的猎物,在面对入侵的捕食者时简直毫无招架之力。

在影响捕食者与猎物相互作用动态的原则中,"晚餐与生存"及"冒险晚餐困境"应该是最常见的两条,但自然界中还存在着其他不同的场景,它们也会通过改变狩猎的成本收益,进而影响捕食者和猎物之间的协同进化。

第五章

进化为何没有淘汰癌症

我们知道,癌症是身体细胞的一种无序增殖,但实际上,它比这复杂得多。癌症是背叛的果实。按照集体主义和利他主义的原则,细胞本应该为保障生物的良好机能和生殖而勤勤恳恳地工作,但有些细胞却突然反过来攻击生物自身。而且它的背叛行为还不止于此:一旦启动了癌症机制,这些恶性细胞还能以令人惊叹的方式规避治疗,简直是要把宿主赶尽杀绝。更令人不解的是,这种毁灭式的行为最终也会导致癌症自身消失,因为宿主的死亡就意味着恶性细胞的死亡。这个悖论该如何解释?

叛变之心由来已久

解释就隐藏在癌症的本质里。科学研究的深入愈发显示出,癌症首先是一种生物学过程,之后才成为一种疾病,这个过程与5亿多年前出现的多细胞生物的进化息息相关。正因如此,无论是水螅还是鲸,所有的多细胞动物都会得癌症。科学家尚不明确多细胞生物为何在生命迹象出现二三十亿年后才现身,但其从寒武纪到现今所经历的繁衍生长和变化过程已为人所知。

一个多细胞生物实际上是一个克隆社会,因为组成该生物的全部细胞是相同的，至少在其生命初期如此。那么，为什么在进化的过程中，单个细胞会选择通过自我复制形成一个更复杂的生命？事实上，这种转变能带来多种好处，尤其是当生物的体型变大后，它的移动范围相应扩大，面对捕食者时也不会那么脆弱，还能占领新的栖息地，探索新的资源。但关键的优势应该是细胞分工合作带来的效率提升。单细胞生物的细胞需要全力以赴才能维持生命机能，而多细胞生物能够分解任务，让不同的细胞各司其职，从而变得更加高效。阿克蒂皮斯（Athena Aktipis）是美国亚利桑那州立大学心理学系的研究员，主要研究癌症在生命史上的起源。她曾经幽默地说："如果你一直有一支克隆军来协助你工作、做家务、做饭和购物等，想象一下你的效率该有多高。"生物从单细胞转变为多细胞也是这个逻辑。基因相同的细胞通过激活DNA中的不同部分来实现合作。如人类约有30万亿个身体细胞，它们通过激活同个DNA中的不同部分，形成了约300种不同功能的特化细胞（specialized cell），保障了80个器官的运转！一旦启动这种合作模式，多细胞生物就会沿着这个方向继续进化。我们知道，自然选择会筛选出环境中最强的个体，但对于多细胞生物来说，选择的单位不再是细胞本身，而是作为整体的多细胞生物，也就是持续筛选出能最大限度地将基因遗传特征传递给下一代的个体。在经历了几百万年的选择之后，细胞的团队合作达到了令人惊叹的水平，无论是曾经存在的生物还是现有的生物，它们在寻找食物、躲避天敌、抵抗感染等方面做出的各种适应正是这种团队合作的功劳。

克隆的劣势

由克隆的细胞组成的有机体固然高效，但它的代价是细胞层面的巨大牺牲。为了保证整体的协调，细胞需要限制自身的能量消耗，而且当它们对生物不再有用甚至构成危险时，还要走向自我毁灭。细胞的这种自杀行为被称为凋亡(apoptosis)。但从达尔文主义的角度看,它们最大的牺牲应该是放弃自我复制。因为多细胞生物的分工合作里也包括了生殖功能。这个任务由生殖细胞负责。其他细胞只需要维持有机体的运转,让携带相同基因的配子能够顺利结合。这一切都是为了确保基因传递。因此,制造这样一台机器就需要建立清除自私细胞的机制。这些阻遏自私细胞增殖的机制是天然的抗癌屏障。它们形式多样,如在细胞层面有自上而下传达的自杀指令,在组织层面有细胞之间的互相监视,在免疫系统层面是识别和清除危险细胞。

人类基因组的"阿喀琉斯之踵"*

如果发生遗传事故,即出现基因突变,多细胞生物在进化过程中特地构建起来的抗癌屏障就会被毁坏。打个比方,人类在发明了制动原理之后,就将它运用在了一系列交通工具(汽车、自行车、飞机、火车……)上。有了制动,我们就能防止行进中的交通工具与障碍物发生碰撞。但是,对于飞驰中的车辆来说,即使是那些最高端的汽车,制动故障都将带来可怕的事故。人体对抗癌症的天然屏障就像制动系统一样,它既是促使多细胞生物实现物种多样性的出色适应,也是刻在基因组里的阿喀琉斯之踵:当它们放松警惕时,细胞就会展现出自私的天性。这是一种返祖现象。不过幸运的是,人类基因组中负责抗癌屏障的基因占比很低:2.3万个基因中约有350个基因。因此,癌症的发生的确存在运气的成分,但频繁暴露在诱变剂(mutagen),如烟草、乙醇、过度日晒之下会增加敏感区域发生基因突变的可能性。

---

* 阿喀琉斯之踵指古希腊神话英雄阿喀琉斯的脚后跟,因这是其身体唯一一处没有浸泡到冥河水的地方,成为他唯一的弱点。现引申为致命的弱点或要害。——译者

抗癌屏障上发生了基因突变的细胞不仅不再执行它们的集体功能，还会在自然选择的作用下，进入一个平行的进化过程，演变为癌症。一些研究人员，如美国传染性癌症专家和进化论学者埃瓦尔德（Paul Ewald）教授就称这个过程为致癌选择，因为这实际上还是一种自然选择。处于这个过程中的细胞会随着时间的推移获得新的功能，以不断增强它们的破坏力。一些著名科学家，如美国佛罗里达州莫非特癌症中心（Moffitt Cancer Center）的癌症专家和进化论学者盖滕比（Robert Gatenby）就认为，癌症对应的是在人体内形成新物种的过程，在此过程中，个别突变细胞在持续改变的微环境中进化，直至形成一个进化枝（由一个祖先及其所有后代组成的一个单系群），仿佛人体内出现了一些新的寄生型单细胞生物。这个被称为适应性肿瘤发生（adaptive oncogenesis）的理论不过是科学家在理解了生物进化之后提出的延伸理论。进化往往发生在环境改变之时，因此，只有当生态条件发生改变时，更适应它的突变体才会处于有利地位，继而在自然选择的作用下以更高的频率出现。如果环境没有改变，肿瘤就不会出现或者难以发展。例如，在接受了大量的日晒后，胳膊上的许多细胞会在诱发癌症的关键基因上出现突变。但矛盾的是，这种情况最终没有引发癌症。为此，我们可以联想一下第一章提到的洞穴鱼：只有当洞穴鱼处于有利于某种突变发展的环境时，这些突变才会被选择。因此，癌症问题并不是我们常常想的那样，仅与突变有关。只有当突变的细胞处于有利于自身繁殖的微环境时，才会出现问题，不过在大部分时间里，我们无须担心，哪怕是那些经常接受日晒的身体部位。

量身定制但却过时的屏障

为什么经过几百万年的进化，自然选择没有赋予多细胞生物更有效甚至无坚不摧的抗癌屏障，即一旦体内出现不良细胞就立即把它们铲除？

事实上,我们的防御系统已经极其高效了。要知道,多细胞生物体内有数十亿个细胞,潜在的叛逆者有许多,真正成功的却寥寥无几。理论上,这种防御能力可以变得更强,但生物的各项机能是妥协的产物,如果清除癌变细胞的能力要以牺牲个体的生殖能力为代价,那么这个选项是不会被采纳的。从达尔文主义的角度看,生物宁可先繁育了很多后代再患癌症死去,也不会选择长命百岁但却没有后代(见第七章)。根据这个逻辑,自然选择为了保留我们的生殖能力,没有让我们持续处于高度防御的状态。人们对癌症的抵抗力之所以会随着年龄增长而下降,这就是原因之一(然而这一现象会在高龄时发生逆转,我们将在后续的章节中讨论)。当我们逐渐变老时,身体防御机制的有效性会逐渐降低,但突变却随着时间在体内不断累积。目前在人类身上观察到的癌症发展趋势,与人类在生育期过后持续延长的寿命有关,当然也与不良的现代生活方式脱不了干系,烟草、乙醇、垃圾食品、各种污染等对基因的影响不断增强,但我们的防御系统的进化却十分缓慢,还停留在过去。

不必对敌人赶尽杀绝

如果我们从进化论的角度去看癌症,就会发现自然选择是一个很矛盾的过程,它既建立了抗癌屏障,又让恶性细胞进化为入侵和毁灭宿主的大师。自然选择当然没有任何企图或道德倾向,但它确实促进了癌细胞的复制,直至整体消亡。这个看似矛盾的过程,却解释了恶性细胞在抵抗治疗方面不断增强的适应性,这也构成了癌症治疗中的关键问题。首先根据定义,我们讨论的是那些成功发展的癌症,也就是那些逃过人体天然屏障或治疗手段的癌症,但所有这些癌症都有一个共同点:由于遗传的不稳定性,同一肿瘤内的细胞存在高度异质性。部分科学家甚至认为,一个几克重的肿瘤内存在的细胞差异不亚于所有地球人之间的细胞差异。而癌细胞正是靠着这种高度异质性，才能在一开始就躲过我们的天然屏障。在免疫系统消灭了一部分癌细胞之后，那些没被发现的癌细胞，或者伴装健康细胞的癌细胞就坐享了渔翁之利。越来越多的研究表明，当个体被确认患癌时，肿瘤内常常已经存在一些耐药细胞了，而治疗的过程甚至还没开始。因此，即使化疗在一开始能通过杀死大量的敏感性癌细胞起到治疗作用，但它会把我们逐渐带入一个死胡同，因为它必然会筛选出耐药性强的细胞。更糟糕的是，化疗摧毁敏感性细胞，相当于为那些抵抗力强的癌细胞清除了大量的竞争对手，后者更可以肆意增殖了。这种进攻型治疗造成的抵抗力筛选，最终导致了与预期相反的结果。如今，大量因癌症去世的人都经历过这个过程。当然，这并不意味着我们要像某些江湖术士建议的那样，用果汁或桉树栓剂来代替化疗。相反，了解这种可怕的筛选机制能增进我们对癌症的认识从而优化治疗方案。

由盖滕比教授开发的自适应疗法(adaptive therapy)证明，将激进式治疗替换为小剂量但定期给药的方式，能增加患者的生存机会，改善其后续的生活质量。事实上，我们没有必要杀死所有的癌细胞：保留危险性最低的细胞，让它们与那些进攻性最强的细胞互相竞争，这样能够减少后者的增殖。在面对高度异质化且不可战胜的癌细胞时，不必对其赶尽杀绝而是留下一些竞争对手，甚至在某些情况下达到一个稳定的平衡，从而让患者继续生存。选择这种疗法需要付出的代价就是接受与癌症共存，将其视作一种慢性疾病，在必要时进行监督和治疗以维持细胞间的竞争环境。耐药性发展等相关健康问题研究专家、进化论学者里德(Andrew Read)教授曾强调，癌症患者应该在治疗初期就和主治医生明确他所希望达到的治疗目标。如果先选择了大剂量消灭癌细胞的治疗方式且这种疗法失败了，那么在这种情况下，患者不一定还有机会改用自适应疗法。自适应疗法在兽医学中的应用已被证明，它对于延续动物的生命和维持一定的生活质量有积极的作用。在这方面，兽医已经领先了一步，他们很早就为宠物实施定期但温和的疗法并得出了和盖滕比教授一样的结论。

鲸的抗癌之道

还有一个悖论也让支持进化论的肿瘤学家着迷，即著名的皮托悖论，它的名字来自发现这个悖论的英国学者皮托（Richard Peto）。如果说身体中的一个细胞出现事故意味着癌症的开端，那从逻辑上讲，像鲸或者大象这样体型庞大的个体或物种会更容易患癌。统计结果如何？在同一个物种（如人或狗）内部，这个预判得到了证实：相比于体型较小的个体，更高大的个体往往更容易患癌。但是，在物种之间却不存在这种联系。尽管一头蓝鲸拥有的细胞数是一只小鼠的700万倍，但相比于小鼠三四年的寿命，蓝鲸的寿命长达百年。不过也幸亏如此，毕竟鲸的细胞数是人的上千倍，如果它们患癌的概率是我们的上千倍，它们压根就不会存在。那么，鲸这种惊人的抗癌能力从何而来？

我们仍需用进化来解释该悖论：只有在自然选择的作用下个体形成了高效的抗癌机制，体型庞大且长寿的物种才能够存活至今。避免或阻遏肿瘤进展的能力是物种长寿或拥有高大体型一个不可或缺的条件。以体型庞大且长寿的大象为例，科学家发现，它的抗癌秘诀在于拥有20个*TP53*基因，这个基因常被称为“基因组卫士”，而人类仅有一个*TP53*基因。美国亚利桑那州立大学梅利（Carlo Maley）教授和他的团队试图确认是否所有的大型动物都采用了这种预防癌症的方法。他们得出的结论是否定的，其他物种尤其是哺乳动物内不存在这种联系。此外，科学家不断在大型或长寿的动物体内发现新的抗癌机制。由此可见，为了清除叛变的细胞，自然选择为不同的物种挑选了不同的方式。

裸鼹鼠的秘诀

还有一个令人称奇的特例就是裸鼹鼠(*Heterocephalus glaber*)。这种常见于东非的啮齿动物常年生活在地下,它们和小鼠一样大,但寿命可达30年,而且几乎不会得癌症!生物学家谢卢亚诺夫(Andrei Seluanov)发现了其中一个原因。当裸鼹鼠在地道内穿梭时,为了避免受伤,它裸露的皮肤会分泌一种能把细胞包裹起来的透明质酸,使皮肤变得极其柔软。也许就是这种适应让它的细胞无法实现无序增殖,至少在皮肤层面不可能做到。

驯化也有助于理解生物的抗癌机制,它在增加家养动物患癌风险的同时,也有利于生物抗癌能力的进化。驯化一个物种,意味着将其从原本的自然环境中抽离,并促进带有某些性状的个体生殖。自然环境与饲养条件的巨大差异使得生物在被驯化的过程中往往会出现各种健康问题,但与此同时,它们也不断进化出新的适应能力。因此,高密度的集体圈养虽然提高了家养动物的感染风险,但也促进了其免疫系统的进化,最终大幅降低了患癌风险。近年来,为了获得体型更大的大型犬,人们在短时间内对它们进行了人为筛选,由此提高了犬患癌的风险,有别于自然选择对大象或鲸的筛选,人为的筛选过程无法同时选出与体型相匹配的抗癌能力。

长着12条触手的永生水螅

不过,在某些情况下,驯化的过程(追求高大的体型、近亲繁殖、新的食物等)既会提高生物的患癌风险,又会为其提供弥补的办法。携带恶性黑色素瘤的迷你猪(*Melanoblastoma-bearing Libechov Minipig*,MeLim)就是一个典型的例子。这种猪产自捷克共和国,是多次杂交培育出的品种,它的皮肤上带有可遗传的黑色素瘤。当猪仔还在子宫里时,肿瘤就已经开始发展,那些颜色深的迷你猪一生下来就带有肿瘤。然而,6个月后,黑色素瘤竟完全消退了！因此,通过人为的筛选,人类创造出了一个既易患癌症但又能自愈的品种。另一个令人惊奇的例子是褐水螅(*Hydra oligactis*),一种与水母相似的无脊椎动物。德国马克斯·普朗克研究所的博施(Thomas Bosch)教授在饲养水螅时,无意中选择了那些带有肿瘤的水螅。相比于健康水螅的6—8条触手,这些水螅平均长有10—12条触手,来自传染病与媒介、生态、遗传、进化与控制实验室的研究员布特里(Justine Boutry)对此表示,这能让它们捕获更多的猎物。这个与肿瘤有关的性状,无疑是一种补偿性的适应,让水螅在患病的情况下也能继续生存。但最令人吃惊的是,这种肿瘤在长到一定的体积后就停止生长了,从而避免杀死宿主。特别的是,水螅能以出芽生殖的方式实现永生(见第七章)。它们每次长出芽体时会将肿瘤细胞传给后代。尽管这种现象的机制尚未明确,但所有的迹象表明,实验条件(没有捕食者、充足的食物、恒定的温度等)促使肿瘤留住水螅的性命,以便肿瘤细胞在后代中传递下去。看来,肿瘤也能被驯化……

癌症创造了一种新生命

上述可传染的肿瘤并非特例。让人意想不到的是,自然界其实存在多种可以在同一种群的个体间传播的癌症。某些病原体,如肝炎病毒或乳头状瘤病毒会导致受感染的细胞发生变异从而引发癌症。世界上有15%—20%的癌症是由这种感染引起的。不过在这些情况下,具有传染性的仍是病原体而非癌症本身。而传染性癌症(transmissible cancer)指癌细胞直接具有传染性,不需要任何一种寄生虫或病毒作为媒介就可以感染其他个体。这些癌细胞在自然选择的作用下,没有随同宿主死亡,而是获得了传播的能力,成为一个传染源。此时,癌变的过程相当于创造了一种新的生命形式。科学家目前已经明确了三种传染性癌症:第一种是在"塔斯马尼亚恶魔"袋獾身上出现的面部肿瘤,又被叫做袋獾面部肿瘤病(DFTD);第二种是犬类传染性性病肿瘤(canine transmissible venereal tumor);第三种是感染蛤子和贻贝等双壳类的一种白血病。针对该白血病的一些新研究表明,它甚至能在不同种的双壳类之间传播。传染性癌症还能对宿主的种群数量产生巨大的影响。袋獾面部肿瘤在袋獾群体内出现的时间还不到30年,却已致使袋獾的数量减少了约90%。该物种目前处于濒危状态。犬类传染性癌细胞的谱系则更加古老,可以追溯到10 000—6000年前。可能是由于杀伤力较低的癌细胞比较容易传播,再加上犬类抵抗力的进化,现在这种癌症的严重程度已大幅降低。

衰老可以防癌?

另一个与癌症相关的悖论是其发病率与年龄的关系。虽然患癌症的可能性会随年龄的增长而增加,但这种增长趋势在70岁之后逐渐放缓,到80岁之后甚至开始下降!这一现象引起了科学家的关注,毕竟大部分的死亡风险会随着年龄增加而不断上升。他们对此提出了多种解释,但并未能就任何一种达成共识。一种解释认为,这可能只是因为我们对高龄老人的癌症筛查往往不那么系统或彻底,导致该群体中癌症患者的发现率较低。而且随着年龄增长,人们常常选择一种更健康的生活方式,减少了与诱变剂的接触。况且,目前的高龄老人在他们年轻时接触诱变剂的概率也较低。还有一种可能就是那些体质较弱的老人已经去世,仍然健在的高龄老人抵抗力都比较强。另一种假说认为,高龄老人更容易受其他因素的影响而死亡,如流感或近期的新型冠状病毒,因此,因癌症而死亡的人口比例相对较低。除了上述错综复杂的因素,还可能存在生物学上的原因。例如，随着年龄增长，细胞分裂减少，由DNA复制错误带来的癌基因突变的可能性相应地降低了。

肥胖：抗癌屏障？

最后一个与癌症有关的悖论就是肥胖。总体来说，超重或者肥胖对健康有害，它们会引起多种常见的疾病，如糖尿病、心血管疾病、风湿病（见第十五章）。尽管还有争议，但超重几千克似乎并不会大幅增加患癌风险，反而有可能降低死亡率。一个假说认为，相比于那些在化疗开始前就已经很瘦弱的患者，超重的人更能承受痛苦的治疗过程。多项研究还表明，虽然超重或肥胖者患癌风险更高，但他们的预后往往优于那些体重在正常范围内的患者。对此，科学家提出了多种解释。首先这可能是统计学偏差。例如，超重或肥胖人群会接受更规律的医疗随访，能够更早发现癌症，及时进行治疗。而且，有些肥胖患者是代谢健康型肥胖（metabolically healthy obesity）*。另一个假说认为，如果说肥胖人群更容易得癌症，这也意味他们所患的癌症更多样化，平均而言其恶性程度就比较低（因而没有被检测出），相比之下，生活方式健康之人所得的肿瘤往往更加罕见且攻击性强。一些研究人员还假设肿瘤之间存在负交互作用，即一种肿瘤的出现不利于其他肿瘤的出现。肿瘤之间也会相互竞争，或是引起免疫反应。对于肥胖人群来说，早期在体内形成的肿瘤不一定严重，但它可能可以预防以后出现更严重的肿瘤。根据这个假说，肥胖是一种间接的抗癌机制，但它依然对健康有不利的影响。这又是一个新的悖论。我们还需要做更多的研究来破译这些复杂的交互作用。

---

* 代谢健康型肥胖指达到肥胖标准，但并未伴有代谢异常（如糖尿病、高血压）的一种肥胖状态。——译者

癌症不是一个悖论,它是多细胞生物在进化过程中必然衍生出的一个固有问题。将癌症放入进化和自然选择的框架进行研究,有助于构思新的治疗手段,从而操控癌症的进化轨迹。

第六章

更年期真的有必要存在吗

为什么女性的生育期结束得那么早？更年期的存在是一种悖论。更何况女性的寿命比男性的寿命长，而男性却没有明确的生育截止期。从进化的角度来看，一个不能再生殖的个体还有什么用？但这个问题的前提是，在更年期后还有很长一段生命是一种在过去和现在都很普遍的现象。那么事实真的如此吗？众所周知，在过去，人均寿命很短，至少低于出现更年期的平均年龄。直到近年随着卫生条件的改善和医学的进步，人均寿命才大幅延长，远超过更年期的年龄。但根据历史记载，至少自西方文明发源以来，包括女性在内，很多人的寿命都超过了70岁。而且当婴儿的死亡率很高时，人均寿命其实无法反映出成年人的平均死亡年龄。举个例子：在100个人中，如果有40个人在5岁之前死亡（在某些历史时期可能出现的婴儿死亡率），其他的60个人在70岁时死亡，那么这100个人的平均寿命就是44岁。因此，如果我们算的不是出生人口的平均寿命，而是活过5岁这个坎的个体的平均寿命，甚至从20岁才开始算起，得到的数值就大得多（针对一个4000年前墓室的分析得出的结果是52岁）。另外，19—20世纪的人类学家研究过很多传统社会，这些社会里都有很多老年妇女，其中就有过了更年期的祖母。目前还存在的一些传统社会也是如此，在非洲、美洲和亚洲的狩猎采集社会里，都生活着很多早就绝经的老年妇女。一些古老的故事如"小红帽"也能证明祖母的存在。因此,女性在生育期结束后仍有很长一段寿命并不是现代西方社会独有的现象。

我们的灵长类表亲没有更年期

那么,我们的灵长类表亲是什么情况?虽然在种群内有很多停止生育的年长雌性,但这并不代表它们有更年期。一般来说,雌性在分娩后将暂停生育,直到它的孩子断奶并可以独立觅食。这段不生育的时期,哪怕是生完最后一个孩子,也不能被认为是更年期。在生育完全结束后,如果雌性剩下的寿命长于抚养一个孩子所需要的时间,更年期才有可能存在。关于灵长类动物更年期的研究存在许多分歧。最新的结论认为,它们没有更年期。不过需要指出的是,年老的个体在动物园这种圈养环境下很容易生存,因此寿命会变长。但与此同时,雌性的生育期限并没有随之延长,这说明生物的衰老和生殖能力的衰退没有直接联系。

虎鲸的母系社会

在一群虎鲸里,你可以看到年轻的雌虎鲸,也可看到年长的雌虎鲸。最年长的雌虎鲸可能已经40多岁了,它不再生殖,却能安详地活到50岁,有的甚至能活到80岁或90岁。鲸目(cetacea)中的虎鲸、领航鲸和抹香鲸都是有更年期的,这些物种的社会群体结构很特别,是由连续几个世代的雌性(女儿、母亲和祖母)组成的。但它们有更年期并不是因为长寿。相反,人类捕鲸技术的进步导致近几十年来,虎鲸乃至所有鲸目的寿命都有所下降。因此,这个现象需要从进化适应的角度来解释:停止生殖带来的劣势应该和另一种足够显著的优势相抵消。那么,这个优势究竟是什么?

祖母效应

人类更年期的确切演化过程目前还难以明确。但我们可以着手研究某些历史阶段女性更年期及更年期后的生活对于社会的影响。18—19世纪芬兰的教区记载提供了珍贵资料,我们可以通过这些记载分析一些家庭几代以来的人口构成,以及女性在生育期结束后在家庭中发挥的作用。在第一个孙辈出生后,如果其祖母还健在并与其一起生活,这个孩子将会有更多的兄弟姐妹!因此,祖母的存在对生殖是有利的。那祖父呢?我们将祖母是否出现作为变量,对比祖父健在或没有祖父的家庭,从而对祖父的具体影响进行了分析。结果表明,当祖父健在时,年轻的夫妻将更早生育他们的第一个孩子,这往往代表着更好的家庭条件。但祖父带来的帮助并不能像祖母那样转化为更多的孙辈。科学家利用19—20世纪魁北克的教区记载,以及18—20世纪波兰的教区记载再次进行了分析,结果表明,这两个地区的祖母发挥了相同的关键性作用。在当今的传统家庭中,祖母仍然扮演着重要的角色。她们直接照顾孙辈,这在一定程度上将子辈从育儿的工作中解放了出来;她们还会向孙辈传授知识。所有这些都论证了为什么祖母的存在可以提高孙辈的数量、存活率和生殖率。因此,祖母对抚养后代的贡献可能是理解更年期演变的关键,模型研究也证实了这一点。值得一提的是,太平洋的虎鲸种群中也存在类似的祖母效应:祖母存在于群体中能提高孙辈的存活率,并且这个效应在食物资源(鲑鱼丰富程度)短缺时尤为明显。

上述教区(芬兰、波兰、魁北克)人口的研究均证实了祖母效应,因此我们可以肯定,祖母的存在对孙辈的数量确实有积极的影响。但如果仅用祖母效应来解释更年期的存在,我们还需要对比停止生育的祖母和继续生育的祖母对孙辈数量的影响。模型研究的结果表明,单凭祖母效应不足以解释更年期的存在,祖母在停止生育后对孙辈提供的照顾不足以弥补其生育损失。因此,还有其他因素在发挥作用。是哪些因素呢?为此,科学家提出了很多假设,但一些早期就被提出的假设已被证明是错误的研究路径,如孕产妇死亡假说。

黑猩猩不会在分娩时死亡

孕产妇死亡的风险当然存在:产妇在分娩的过程中,可能会出现一些并发症,给婴儿和产妇都带来严重的后果。而且,孕产妇的死亡率会随着年龄增加而上升。因此,女性与其冒着生命危险多生孩子,不如到一定的年龄就停止生育,转而照顾自己的子女和孙辈。这就是孕产妇死亡假说。但这个假说存在一个小缺陷:目前与人类最接近的灵长类动物,如黑猩猩,就没有孕产妇死亡的现象,因此也不存在孕产妇死亡率随年龄上升的情况。此外,年长的长尾猴反而比年轻的更容易分娩。因此,孕产妇死亡现象极有可能是人类的一个衍生性状,也就是说,它是在另一个性状被选择之后才出现的,如新生儿较大的体型让分娩变得困难。无论如何,我们无法用孕产妇死亡来解释更年期的起源,因为当更年期出现在人类进化的过程中时,孕产妇死亡的现象还不存在。此外,模型研究也证实,这个假说并不是研究更年期出现所必需的。但孕产妇死亡却是解释更年期持续存在的一个重要因素:当孕产妇死亡率与年龄相关时,晚育就很难成为一个选择,这就倾向于维持更年期的存在。所以,孕产妇死亡率的确是一个有助于维持更年期的因素。

长得漂亮,更年期来得更晚?

更年期出现的年龄和面部吸引力之间似乎存在着某种联系。英国诺森比亚大学研究员博韦(Jeanne Bovet)对一些25—35岁的法国女性进行了一项实验后得出了上述结论。博韦根据受访女性母亲的更年期年龄预测了她们未来的更年期年龄,因为这一性状普遍会由母亲传给女儿(因此母亲的更年期年龄是预测女儿未来更年期年龄的一个可靠参考)。一些男性获邀根据这些女性的面部照片来表达他们的喜好。他们的喜好结果与其他影响吸引力的因素(年龄、女性化程度)一起进行了分析。结果表明,那些最具吸引力的年轻女性,其平均更年期年龄要晚于那些吸引力较小的。因此,自然选择倾向于更年期更晚出现。这和长期以来欧洲女性更年期一直在延后的趋势是一致的。所以,目前欧洲已经不具备研究更年期起源的条件了,更年期在此反而有消失的苗头。基因多效性假说提出,就像衰老一样(见第七章),一些在早期对生殖有影响的性状也会在生命的后期对生殖衰老(reproductive senescence)产生影响。自然选择会优先考虑能在早期对生殖产生影响的因素,而这些因素在后期是延长还是缩短生殖期限,就要看进化的方向了。因此,在更年期推迟的人口中(如在欧洲),更强的吸引力对应更晚的更年期年龄是符合逻辑的。而在更年期提前的人口中(如更年期在人类中刚出现时),这种关联可能是相反的。基因多效性假说很有趣,但由于它是近期才被提出的,还没有得到广泛的验证,目前仅有一项发表的研究能证实该假说。

生殖竞争

另一种假说与生殖竞争有关。在同一个家庭单位里,一些孩子长大后会留下并生育后代。在大部分所谓的父系社会里,一般是儿子留下来,他的妻子会加入这个家庭,但在一些母系社会里,情况是相反的,女儿留下,儿子离开。在更年期出现以前,母亲和媳妇(母系社会里是母亲和女儿)都会繁育后代,引发妊娠期和抚育期的资源竞争,而这些资源在当时的社会必然是很有限的。这就在进化层面上渐渐导致母亲会在其孩子达到适婚年龄时停止生育,从而避免生殖竞争。有了这个假说,我们还能解释为什么两代人的生育期基本不会重叠:当长子达到其生育年龄时,母亲的更年期通常就出现了。生育期在同一家庭单位内不会重叠的确为人类所独有,更年期也一样。这两种特征不存在于其他灵长类动物:以黑猩猩和猩猩为例,雌性一般在它的孙辈开始繁殖时才停止生育。生殖竞争假说还有助于理解为什么更年期一旦出现,就会在种群中持续存在。但模型研究表明,单凭这一假设仍然不足以解释更年期的出现,换言之,生殖竞争带来的选择压力,在大多数情况下仍不足以让女性在到达一定的年龄后就停止生育。

基于基因传递的利益关系,科学家提出了更具技术性的亲属关系不对称假说。从母亲的角度来看,她和所有的孙辈都有亲属关系,无论这些孩子是亲生女儿的还是儿媳的。但从儿媳的角度看,情况就不一样了:她和自己的孩子当然有亲属关系,但她和婆婆的孩子却没有任何亲属关系。所以,儿媳或母亲不再生育所损失的基因副本是不一样的。母亲即使不再生育,她的基因副本仍会出现在儿媳的孩子身上(每个孙辈有其1/4的基因)。相反,如果儿媳不再生育,她的基因副本不会出现在任何一个她婆婆所生的孩子身上。这种不对称性让儿媳在这场竞争中更加投入,渐渐导致母亲在自然选择的作用下在竞争初期就停止生殖。然而模型研究再一次表明,亲属关系的不对称性也不足以解释更年期的出现,但这可能是一个值得考虑的因素。针对虎鲸(别忘了这是一个有更年期的物种)的观察表明,群体内雌性之间的亲属关系会随着年龄的增长而加深,因此,为了更好地理解雌性停止生育后的进化,遗传血缘关系(genetic kinship)仍是一个需要研究的因素。

最后是认知资源积累假说。在人的一生中,体力在20—25岁时达到峰值,随后慢慢下降。但从认知的角度看,经验和知识会持续增加和积累。人从环境中获取资源的机会取决于两个方面的能力:体力和整体认知能力。幼年时,我们获取资源的能力较弱,之后会逐渐提高,在四五十岁时达到峰值,但这时体力已经大幅下降了。而认知能力会随着积累变得越来越高效。通过认知能力获得的多余资源可以直接用来繁育后代,但到了某个年纪,自身停止生育而去支持后代是更加合理的选择。当我们年纪太大,身体因为衰老变得虚弱时,将认知资源传给后代比自己继续生育能产生更多的基因副本。模型研究也证实,自一定的年龄起,停止生育转而帮助后代是更有利的选择。

这种现象至少对男性产生了间接影响:女性的更年期使得丈夫也停止生育,至少在单配偶制中如此。

更年期是为了预防癌症?

最新的一个假说提出,更年期可以规避由多次生育带来的癌症风险。研究表明,对人类来说,在每次妊娠期间,由于免疫抑制(为了不排斥与母亲仅有50%共同基因的胎儿而做出的免疫适应)和激素变化,女性体内的癌细胞激增。在这种情况下,自然选择会相应地调整抗癌机制,避免这些恶性细胞的增生过早地达到扩散阶段。然而,从进化的角度看,人类这个物种在短时间内实现了巨大的改变,相比之下,其他大多数灵长类动物都用了几十万年的时间,因此人类的抗癌机制有可能无法适应新的环境条件,更容易被失控的细胞增殖伤害。在这种形势下,多次生育会提升恶性癌症过早出现的风险。因此该假说认为,自然选择的解决方案是直接让女性停止生育并投入祖母的角色。更年期于是变成一种过渡性的调整,直到更强大的抗癌机制被筛选出来(就像第五章中的大象那样)。这个假说与动物界更年期的罕见性是一致的,因为在大多数情况下,物种已具备与环境相符的适应能力,其中就包括抗癌机制。

科学家提出的假说还有很多。但问题在于,任何一个假说都不足以解释更年期的起源。实际上,我们需要结合多个假说来解释这一现象。具体是哪些又该以何种顺序呢?根据神经元网络的模型研究发现,生物存在资源投资行为,并且更年期的出现至少需要以下两种假说:认知资源积累和祖母效应。如果其中一个不存在,更年期就不会出现。认知资源和祖母效应需要共同作用,所以更年期才如此罕见(仅在人类和某几种鲸中存在)。事实上,祖母效应要想发挥作用,首要条件是祖父母能照顾孙辈,即至少三代个体需要生活在同一个家庭单位内。至于认知资源,不同的动物种群的开发程度还存在差异。无论如何,探究还要继续,上述模型研究无法囊括前面提到的家庭单位内的生殖竞争、亲属关系不对称和基因多效性。至于更年期是一种过渡性抗癌机制的假说,还需要其他研究的支撑,且该假说也包含了祖母效应。

总而言之,更年期的悖论离彻底解决还有很长一段距离。目前,在西方国家,更年期的年龄正在推迟,其原因尚不明确。如果这种趋势再持续几百或几千代,更年期就有可能消失。届时,科学家或许能准确理解更年期进化的原因。

第七章

为什么我们会变老

衰老的过程令人不悦,会表现为关节病、秃顶、皱纹、牙齿脱落、老花眼、耳聋、疲劳、性欲减退……但与阿尔茨海默病、帕金森病和老年癌症等与衰老相关的病症相比,这些已经是最轻的症状了。这么看来,变老的确糟透了。正因如此,那些号称能永葆青春的面霜、药丸、医美手术和其他所谓的年轻魔法能一再获得成功。在如今这个鼓吹青春和完美身材的社会,遏制衰老是萦绕在每个人心头的烦恼。医疗市场中老年人口的增加还带来了巨大的经济和社会挑战。除此之外,从进化生物学的角度去观察衰老同样重要。它的存在似乎就与直觉相悖,因为衰老的另一个特征是生殖潜能下降,这意味着后代数量的减少。携带可消除或遏制衰老基因的个体理应更受自然选择的青睐,它们应该有更多的后代,并最终在数量上占据优势。但如果真是这样,为什么衰老在动物界和植物界都如此普遍?为什么自然选择没有消除这个看似不合理的过程?更加矛盾的是,某些很简单的动物,如淡水水螅,它似乎已经找到了永生的方式。因此,衰老然后死亡并不是所有生物的命运……

衰老是为了更好地繁殖?

我们可以凭直觉做出假设,既然衰老在看似不利于生存和生殖的情况下还如此普遍,它应该具备能弥补这些劣势的优势。实际上,更受自然选择青睐的是能实现遗传最大化的基因,而不一定是那些有利于长寿的基因。例如,雄性薄翅螳甚至会为了更好地繁殖而自杀(见第八章)。因此,我们可以假设,如果机体的衰老能使生殖以某种方式最大化,它就有可能受到自然选择的青睐。但衰老如何使生殖最大化呢?

生物的身体会随时间而衰退或受损。进化虽然保留了许多机制来修补这种磨损,如细胞更新、愈合、某些器官的再生等,但这些过程不是免费的,需要消耗资源。对于一个结构相对简单的身体,如细胞非常少的生物,这个过程很容易实现,生物因此不会出现衰老的迹象,如前文提到的水螅。对于更复杂的生物,必要的修复可能就很昂贵了。我们拿汽车打个比方:里程在10 000千米以内时,对其维修很轻松,换个传动带或者过滤器就可以了。但随着行驶里程的增加,维修会更加复杂和昂贵,直到有一天,维修不再划算。既然寿命不可能无限延长,资源也不是取之不尽用之不竭的,就一定会有这样一个时候,生物需要减少对身体的维修才能更好地繁殖。仿佛有两个变异体在竞争:第一个投入高效的修复机制使寿命最大化,但由于资源不足而减少生殖;第二个最大化生殖,但代价是随着时间的推移身体损耗更严重。很明显,一段时间后,第二种变异体最终占据了数量上的优势。1977年,英国生物学家柯科伍德(Tom Kirkwood)提出了一次性体细胞理论(disposable soma theory),该理论指出,个体对修复机制的最佳投入值会根据个体在环境中的平均预期寿命进行调整。在这种情况下,自然选择基本不可能青睐那些牺牲生殖来维护身体和延长寿命的个体,而且在延长的寿命里,个体的生活质量也很低。所以,生物对身体修复机制的投入通常是最优化而不是最大化的,换言之,寿命不可能被无限延长。而且根据这个理论，当外部出现新的死亡风险时，环境的变化会改变个体在维护身体方面的投资额度。当然，这种在资源配置方面的改变是个体所无法决定的，它们甚至都没有意识到这些，因为这是自然选择随着时间的推移做出的调整。

晚期突变

1952年，彼得·梅达沃爵士（Sir Peter Medawar）曾研究过具有年龄特性（age-specific）的基因突变，即这些突变的表达发生在生命的不同时期。当它们在生命早期就产生有害影响时，自然选择会及时消除，因为它们会削弱携带者的生殖潜能。所以，这些突变不会被传递，它们的频率仅与出现的概率有关。相反，当这些突变带来的有害影响发生在生命晚期时，大部分携带者已经生育过，因此，消除突变的选择压力就很弱。亨廷顿舞蹈症就是一个例子。这是一种遗传性疾病，引起这种疾病的先天性突变直到生命晚期才会表现出来，患者平均发病年龄在40—50岁。在梅达沃看来，在生命晚期表达的突变所产生的有害影响是引起衰老的一部分原因。更糟糕的是，这些遗传异常会在基因组中累积，导致衰老不可避免。

另一种机制是美国进化生物学家威廉姆斯（George Williams）于1957年提出的拮抗多效性（antagonistic pleiotropy）。该机制表明，一个基因上的某个突变会随着时间的推移产生两种相反的作用，在生命早期对生殖有积极作用，在晚期则带来消极作用，如降低生存率。这个积极作用可以直接表现为提高生育率，也可以通过促进生长、提高竞争力等方式间接产生（见第三章）。同样，对生存的消极作用也存在多种形式，如引起身体机能下降或是诱发像癌症这样复杂的病症。如果这个积极作用在生命早期十分显著，自然选择将会保留这个突变，因为携带了这种利于生育突变的个体能在短期内繁殖更多的后代，哪怕它会在生命的晚期带来健康问题。

别忘了自然选择的首要考虑是生殖,而不是个体的健康,因此重要的是后代的数量(见十三章)。作为梅达沃理论的补充,该机制提出,在生命晚期才产生有害影响的突变中,既有直到晚期才表达的突变,也有那些由于在生命初期具有积极作用而被自然选择筛选的突变。举例来看,剑尾鱼(*Xiphophorus*)的先天性突变在早期可以促进鱼的生长,但在晚期却会导致癌症。秀丽隐杆线虫(*Caenorhabditis elegans*)、黑腹果蝇(*Drosophila melanogaster*)和小家鼠(*Mus musculus*)也有类似的情况。因此在进化的过程中,许多物种体内都出现了既能促进生殖又会导致衰老的基因,这就是衰老普遍存在的原因。最近几年的研究发现了很多具有拮抗作用的基因,它们都会先促进生殖再引发衰老。

吃得少,防衰老?

还有研究人员探究了生物的资源管理、衰老和寿命这三者之间的联系。因为在自然栖息地中,生存资源的数量和质量常常发生变化。研究得出的结果出乎意料。我们本以为控制热量的摄入可能会缩短寿命,但模型研究表明,这种饮食方式反而能够显著延长寿命。针对这个问题的研究基本得出了相同的结论!英国纽卡斯尔大学的生物学家尚利(Daryl Shanley)和柯科伍德提出,寿命在饮食受限之后延长是因为个体会在这种情况下停止生殖,其本质是对食物短缺时期的一种适应性反应。生殖是非常消耗能量的。对于哺乳动物来说,生殖需要形成胎盘,在自己体内容纳一个或多个具有一定体积的生物,待其生长直至出生,之后还要哺乳。因此,在环境恶化的情况下生殖是非常危险的,也无法保证结果。在这种情况下,最好还是先停止生殖,把全部资源用来维持生命并等待更有利的环境出现。将更多的资源用于维持生命就会产生延缓衰老和延长寿命的效果。因此,在所有条件都相同的情况下,我们可以利用进化在食物短缺的情况下做出的生存反应来延长预期寿命。同样,研究长寿基因基础的研究人员发现,与延长寿命有关的基因突变,如长寿基因 *daf-2*、*Klotho*、*Foxo* 上的突变,往往都能节省生物耗能。它们通过降低生物对碳水化合物的同化效率来产生类似于限制热量摄入的效果,从而触发延缓衰老的生理模式。

长寿冠军的秘诀

尽管衰老在生物界中很普遍,但某些群体的衰老有其特殊性。如只在少数物种中存在的更年期,属于生殖功能衰退和躯体衰老分离的特殊情况(见第六章)。但衰老并不一定意味着寿命的缩短,它有多种方式,有的主要作用于生殖而不是影响生存。在这种情况下,物种中的某些个体就能特别长寿,如某些树的寿命长达数百甚至数千年。目前树中的长寿冠军是美国加利福尼亚州和内华达州的两棵狐尾松,它们已有近5000年的寿命。加利福尼亚州的这棵狐尾松也因此被命名为"玛土撒拉"(Methusalem)*树。在动物界,高寿的情况较为罕见,动物的寿命相对较短,但科隆群岛上的一些巨龟也已经170岁了。动物的体重和寿命之间通常存在正相关关系。科学家所说的特别长寿的物种,主要是那些偏离上述正相关关系的物种。如体型只有老鼠那么大的裸鼹鼠(在第五章中提及),其寿命可达30年,而且其死亡的风险不会随着年龄的增长而增加,这与绝大多数哺乳动物的情况相反。在那些小个头的长寿动物里,一些蝙蝠表现不俗,如寿命可达40年的大鼠耳蝠(*Myotis myotis*)。迄今为止,脊椎动物的长寿纪录保持者是格陵兰鲨鱼,它的寿命可达400岁,150岁时才达

---

* 玛土撒拉是《圣经》(Bible)中记载的人物,据说他在世上活了969年,是历史上最长寿的人,后成为西方长寿者的代名词。——译者

到性成熟。龙虾也有令人惊奇的表现，某些个体已有40岁的高龄。更神奇的是水螅，我们在前文提到过这种小型淡水刺胞动物，它们能够不断更新身体组织从而避免衰老！如果在喂养得当且没有捕食者的情况下，水螅可以实现字面意义上的永生和永葆青春，它通过规律性的出芽生殖产生基因相同的后代，亦能永生。探究永生机制的科学家就对这类生物很感兴趣，它们可能掌握着避免或延缓衰老的密码。

总之，衰老似乎是生殖最大化带来的结果，毕竟在生物界，生殖是首要任务，寿命没有被优先考虑，只是一个调整成分。目前，人类通过医学手段对抗衰老产生的影响以延长寿命。医学能带我们实现这个目标吗？在20世纪，人均寿命大幅提高，这得益于卫生条件的改善、婴儿死亡率的降低和重大的医学发现，如提高了所有年龄段存活率的疫苗和抗生素。但在抗衰老方面，进展却不大：人类的最长寿命没有表现出升高的趋势。该世界纪录仍由卡尔芒（Jeanne Calment）*保持，她于1997年去世，享年122岁。此后的1/4个世纪，全世界百岁老人的数量显著增加，但没有人能活过120岁。不知道会不会有一天，医学解决了衰老这个强大的悖论，在延长寿命方面取得突破。有些人，如超人类主义者非常乐观，但这种乐观尚无科学依据。期盼在我们的有生之年，医学可以找到这个问题的答案。

---

* 卡尔芒（1875—1997），法国人，"世界最年长者"吉尼斯纪录保持者。——译者

第八章

动物离奇自杀的原因有哪些

结束自己的生命无疑是生物界中最矛盾的行为之一。通过自我毁灭,个体终结了所有活动,也无法再继续生殖。然而,这种行为在生物界中却很普遍。我们在昆虫、甲壳类甚至哺乳动物身上都能观察到这种行为,且它们的自杀方式完全不同。一些动物会从高处跳下或跳到水中,一些会自我爆炸、自投罗网或者被同类吞食而不进行任何反抗。为什么自然选择没能让生物彻底摆脱这类自杀行为?更令人不解的是,为什么它还会鼓励某些物种自杀?

在生物学上,当我们用自杀(suicide)一词来描述个体的行为时,并不代表它有自杀的意愿。虽然自杀很极端,但它也只是生物的一种行为,它的实现不需要生物对此有任何意识。尽管死亡意识可能不是人类独有的,但它对于定性自杀行为来说不是必要的。并且,我们越来越相信其实很多动物都有死亡意识,只不过这一点仍存在争议。无论如何,在这里用这个术语是合适的,并且本章主要探讨动物自杀行为背后的进化原因。

自杀行为背后的第一种逻辑可能是动物通过自我牺牲来实现亲属生殖的最大化。生殖最大化的间接意义是生存,因为这两者通常是正相关的:活得越久往往可以繁殖越多的后代。不过这种关系也有例外,本书已提及多个例子。

而且，自然选择的筛选单位是基因，生物只是基因的携带者。当基因由个体直接传递给它的后代时，属于直接生殖；当基因由种群内的其他个体传递给下一代时，属于间接生殖。对于编号为X的个体来说，在达尔文主义的视角下，一个携带其一半基因的直系子女等同于两个侄子或侄女，因为X的兄弟姐妹与其共享一半的基因，所以它们的子女就和X个体有相同的1/4基因。因此，如果个体的自杀能够让其侄子或侄女的数量增加两个以上，这种行为从进化上看就是有优势的，值得被保留。接下来，我们去社会性昆虫的世界里转一转，看看这种机制具体是如何运作的。

绝后的蚂蚁

工蚁一整个夏天都在工作，为的是在北风来临时有足够的储备过冬。它们过着幸福的生活，但没有后代……在蚂蚁种群内，不同等级的工蚁都不能生殖。每级都有专门的分工，如兵蚁拥有巨大且发达的上颚，但它们不会有任何直系后代。让我们来看看在蚁巢内发生了什么。每只雌蚁都有父蚁和母蚁。但雄蚁是从未受精的蚁卵孵化来的，因此只有母蚁。一只偷偷繁殖的工蚁只能产下雄蚁，但它在基因上更接近它的姐妹（3/4的共同基因）而不是它的儿子（1/2的共同基因），因此更愿意抚养姐妹而不是自己的后代。于是，它选择了不生殖，而是抚养它的姐妹来为母蚁的生殖做贡献。在自然选择的作用下，这导致工蚁完全丧失了生殖能力。蚁群可以选择喂养不同类型的食物来引导幼蚁发育为蚁后抑或某种不育等级（sterile caste）的工蚁。正因如此，不育等级存在于所有的蚂蚁种群（数千种）及大部分具有相同遗传特性的物种（例如蜜蜂和胡蜂）。蚂蚁、蜜蜂和胡蜂的这种遗传特点有利于对不育等级的选择，但自然界中还存在其他能增进个体间亲缘关系的情况。例如，当一个种群以群居的方式生活且个体密度很高（资源丰富且捕食者极少的结果）时，个体之间的遗传亲缘关系就会增强，此时牺牲自己的生殖可以促进亲属的生殖。因此，所有种类的白蚁、某些蚜虫和其他一些昆虫也存在不育等级。某种虾、两种鼹鼠和一种田鼠也有不育等级。像更年期这样的情况，即个体停止生殖以照顾隔代，也是同样的道理（见第六章）。

自杀是为了更好地重生？

此外，适应性自杀（adaptive suicide）行为是个体为了保证直接或间接生殖而选择的。加拿大西蒙菲莎大学生物学家罗伊特贝格（Bernard Roitberg）教授在豌豆蚜（*Acyrthosiphon pisum*）身上发现了这种现象。这种蚜虫采用孤雌胎生生殖：雌虫直接产下与其基因型一致的幼虫，这些幼虫在出生后就能独立进食。豌豆蚜以群居的方式生活，种群内个体的密度很高。这种蚜虫深受阿维蚜茧蜂（*Aphidius ervi*）的困扰。阿维蚜茧蜂在蚜虫幼虫的体内产卵，虫卵靠食用蚜虫发育。一旦虫卵发育成功，就意味着蚜虫尚未生殖就被吃掉了。而且茧蜂的虫卵只需要12天就可以发育完全。随后，它会去攻击其他的蚜虫并在其体内产下寄生的虫卵。茧蜂往往会先叮咬附近的蚜虫，所以被盯上的蚜虫和刚刚被吃掉的蚜虫有遗传亲缘关系。面对威胁，被寄生的豌豆蚜选择自杀，以便同时杀死体内的茧蜂虫卵。这样还能降低身边同基因型蚜虫被寄生的概率，从而尽可能保证间接生殖。豌豆蚜是如何结束自己生命的？鉴于瓢虫特别爱吃蚜虫，想必蚜虫会自投罗网，让瓢虫顺带吞下寄生的茧蜂幼虫。但奇怪的是，蚜虫在所有的可能性里，居然选择了从高处跳下，而且在那些很干燥的地区，它们跳下后并不会马上死去，而是最终死于脱水。

工蚁敢死队

亲缘关系很强的种群极容易出现自杀行为。亚洲热带地区的几种蚂蚁会表现出一种惊人的行为。爆炸平头蚁(*Colobopsis explodens*)或桑氏弓背蚁(*Camponotus saundersi*)以自我爆炸的方式保护群体内其他成员。这种现象被称为自爆(autothysis)。在与其他种类的蚂蚁进行领土斗争时,敢死队的工蚁会猛烈收缩肌肉,引起腹部体壁崩裂,巨大的颚部腺体因此喷射出刺激性黏液。被黏液缠住的敌人最终被击退或死亡。齿白蚁科(Serritermitidae)的白蚁会在蚁巢受到攻击时做出同样极端的牺牲:年长的白蚁上前直面敌人并引爆腺体,喷射出堵塞蚁巢通道的物质。

细菌:成全他人

从生殖的角度看,当生死已成定局,牺牲自己以保全他人似乎无关亲缘关系。既然注定要灭亡,不如借此机会帮助那些非亲非故的同类。在人类消化系统中常见的大肠杆菌(*Escherichia coli*)就是这么做的。当受到噬菌体的攻击时,它们会启动体内的自我毁灭系统,跟病毒同归于尽,从而阻止后者感染其他的大肠杆菌。对于这些因病毒感染而垂死的大肠杆菌来说,自杀的成本很低,反正它们已无法再继续分裂生殖了。因此,就算这种行为的受益者和自杀者几乎没有亲缘关系,收益仍高于成本,自杀者最终还是赢家。我们同时看到,即使是对于没有神经系统、无法真正做出选择的微生物,自然选择也能够运用利他主义机制,在亲缘关系层面实施复杂策略。

诡计多端的寄生虫

动物自杀的另一大类原因就是寄生虫的操纵。一些寄生虫是名副其实的操纵者，它们能够控制宿主，迫使其完成对自己有利的自杀任务，就像寄生虫的基因在宿主的行为中得到表达。寄生虫之所以要以这样的方式操纵其他生物的行为，是因为它们复杂的生活史需要通过不同种类的宿主才能完成，而它们在宿主之间的移动往往是通过被捕食的方式实现的。在这些情况下，操纵的目的是提高宿主被捕食的概率。这样的例子非常多。在法国南部沿海的池塘中，吸虫纲(trematoda)的一种吸虫需要连续控制三种寄主——一种软体动物、钩虾(一种小虾)和一种水鸟，并最终在水鸟的消化道中生殖。幼虫先爬出软体动物，然后感染钩虾。一旦进到钩虾体内，它就会移动至虾的头部，在其大脑内形成包囊并影响钩虾的行为：钩虾变得喜光(被光吸引并停留在水面)，在受到干扰时会猛烈摆动而不是小心地躲起来。这肯定会吸引水鸟的注意，从而增加寄生虫到达水鸟消化道并进行生殖的机会。

另一种惊奇的操纵方式是弓形虫(*Toxoplasma gondii*)对啮齿类动物的操纵。弓形虫也是人类弓形虫病的病原体。这种原生动物的生活史有时会变得很复杂。它首先在猫科动物的肠道细胞中发育，然后其卵囊会随着动物的粪便排到体外。如果卵囊直接感染了另一只猫科动物，循环就是直接的。但它们也能寄生于鼠等啮齿类动物体内，此时，这些啮齿类动物只是中间宿主。只有当这只鼠被猫吞食后，弓形虫的生活史才算完成。弓形虫在啮齿类动物的大脑中形成永久性囊肿，对宿主产生了强大的操纵力。被感染之后，啮齿类动物不再出于生存的本能对猫尿表现出天生的厌恶。相反，它们甚至会被这种气味吸引！近期的一些研究揭示了这种操纵的机制。弓形虫改变了啮齿类动物大脑内负责产生性吸引力的区域，使其“爱上了”猫科动物尿液的气味。为了实现自己的生殖，弓形虫在自然选择的作用下进化出了这种能力。法国国家科学研究中心功能进化与进化生态学中心(CEFE)的灵长类动物学家沙尔庞捷(Marie Charpentier)在被寄生虫感染的黑猩猩身上也发现了相同的现象。这些黑猩猩对其捕食者的尿液产生了突如其来的迷恋。但这次不是猫,而是在它们所处的环境中更常见的另一种猫科动物——非洲豹。

寄生虫让人性情大变

弓形虫如此大费周章地来到人类体内,意图何在？它会引起人患弓形虫病,对孕妇来说尤其危险。免疫系统在初次识别弓形虫后会对其追击,但后者会躲进某些细胞并潜伏在那里,不引起任何医学症状。由于人类目前没有天敌,这种寄生虫几乎不会再进猫或其他动物体内。但弓形虫不会思考,只会按照程序改变宿主的行为以增加进入猫科动物体内的机会。如果它寄生在老鼠体内,那正好。如果它寄生在人体内,那就无法完成生活史。但无论怎样,它都将影响宿主的行为。人的弓形虫感染率为30%—40%,不同国家有所不同。女性通常更容易被感染,因此在许多国家,孕妇必须要做弓形虫病的检测。但出于对个人健康的考虑,男性也应该做这项检测,这是因为,弓形虫所谓的潜伏对人体并不是真的毫无影响。感染了弓形虫的人,在感染初期曾对它做出过免疫反应,即使弓形虫随后以潜伏的形式寄生,人的性格已经发生了改变！他们更容易出现某些事故,更容易发展出一些精神疾病,如精神分裂症、强迫症或双相情感障碍、痴呆和各种形式的抑郁症(见第十三章)。

寄生虫操纵宿主以提升后者被捕食风险的例子有上百种,甚至还会出现中间宿主并不是捕食者的猎物的情况。还记得引言中提到的那只爬到草尖的蚂蚁吗？它实际上是枝双腔吸虫的受害者。这种寄生虫需要在绵羊体内完成生活史,但是羊不吃蚂蚁。那它如何完成这件看似不可能的事情？答案是自杀，而且自杀者不是中间宿主而是它自己。一只枝双腔吸虫进入蚂蚁的大脑控制蚂蚁，使其待在草尖上，从而被羊吞食。而在进入绵羊体内时，这只寄生虫已经死去，尚未实现生殖。事实上，它的牺牲保证了其他包裹在蚂蚁腹中且基因相同的同伴能安全到达宿主体内并繁殖后代。最终，枝双腔吸虫通过这种利他型自杀，实现了间接生殖。

打扮宿主

寄生虫还会改变宿主的外表以增加后者被捕食的概率。有一种线虫能让蚂蚁看起来像一颗成熟的水果，从而吸引一种食果鸟，进而在鸟的体内生殖。在这种线虫的作用下，蚂蚁黑色的腹部隆起，变成红色，就像一颗熟透的小果实，并且会向上翘起。这种拟态能以假乱真，即使是一个老手，也需要仔细观察才能分辨出一只被操纵的蚂蚁和一颗真正的果实。其他寄生虫，如彩蚴吸虫（*Leucochloridium*），其会感染蜗牛并寄生在蜗牛的触角中，随后改变触角的外观，让蜗牛的触角看起来就像两条毛毛虫！显然，这种寄生虫的目标宿主是食虫鸟。

在夏日的夜晚，你可能看到过一些蟋蟀跳到水中。它们的这种行为无异于溺水自杀。但如果你靠近些看，就会发现这类蟋蟀长得像一条伪装后的蠕虫，这是因为它们身上寄生着一条长约12厘米的丝状寄生虫（而蟋蟀本身只有1厘米长）。它占据了蟋蟀除腿部和头部以外的整个身体。这些线形动物需要在水中完成它们的生活史。因此，为了回到生殖场所，它们操纵在陆地上生活的蟋蟀，让后者甘愿溺水自杀（见第四章）。

谁从自杀行为中获益

科学家有时也难以确定谁是动物自杀行为的受益者。如果蚂蚁感染了线虫草属的一种真菌 *Ophiocordyceps unilateralis*,其通常会离开蚁群。对于社会性动物来说,独自生活大概率会导致死亡。因此这种行为可被视为一种利他型自杀,感染了真菌的蚂蚁远离蚁群,降低了其他成员感染病菌的风险。然而,被感染了的蚂蚁通常会爬到高处(如植物上)等死,但这就提高了真菌孢子落到其他正在忙碌的工蚁身上的可能性。显然,真菌早就制定了替代策略。

那存在于多种昆虫中的性食同类现象该如何解释?薄翅螳或者某些蜘蛛的雄性在交配后会有被雌性吞食的风险。从表面上看,这类情况更接近于捕食,至少是牺牲而不是自杀。但从进化角度看,雄性受害者实际上是赢家。雌薄翅螳"仅有"13%—28%的概率会吞食伴侣,且雄性在生殖季内有多次交配的机会。因此,只有当雄螳螂在被吞食后获得的最终生殖利益高于逃离凶猛伴侣再令其他雌性受孕的情况时,它们的牺牲才是值得的。如果雄螳螂遇到其他雌螳螂的概率很低,且通过牺牲自己,雌螳螂能产生更多携带雄螳螂基因的后代,这个操作在进化上就是有利可图的。事实的确如此,一只雄螳螂对于雌螳螂而言是一种诱人的猎物。并且放射性标记法表明,被吞食的雄性的氨基酸被直接用于生产额外的后代。

再来看看生活在欧洲和北美洲的黑边暗蛛(*Amaurobius ferox*),母蜘蛛会牺牲自己,成为后代的食物。这种噬母行为(matriphagy)显然对它的后代大有裨益,小蜘蛛饱餐一顿提高了生存率,而且这对母蜘蛛来说也不是全然无利的,即使不做出这种牺牲,它能再次生殖的可能性也非常小了。这种牺牲是亲代照顾子代的极端形式,还有相对温和的,即雌性做出部分牺牲,蚓螈的幼体以母体的组织为食,这会对母体造成一些伤害,但不会导致死亡。

最后来说说新闻媒体中经常提及的动物自杀,这些实际上都是误解。第一个例子是生活在北半球的欧旅鼠(*Lemmus lemmus*)。它们会成百上千地跳到海中形成集体自杀的现象。现已证实,这种生殖力很强的物种会周期性地出现种群数量过剩的情况,这导致它们需要成群结队地迁徙至其他的栖息地。在迁徙的过程中,它们会毫不犹豫地跳到水中。如果跳入的是湖泊或河流,它们很容易就能到达彼岸。相反,如果这潭水实际上是一片海,这个行动就会转变为一场灾难。欧旅鼠还没到达彼岸,就已力竭身亡了。总之,这是一个代价高昂的错误,但绝不是集体自杀或自愿牺牲。另一个标志性的例子是集体在海滩搁浅的鲸。群体内某些鲸因为生病或是在人类活动(尤其是中频波)的影响下迷失了方向,出现导航失误,加上鲸群内紧密社会关系的影响,最终导致整个鲸群在岸边搁浅。同样的道理,鲸没有任何自杀的意图,也没有进化上的牺牲,只是导航失败带来了既壮观又悲剧的结果。

第九章

利己一定能获益吗

地球正在变暖，但这位女士连一小段路都要开车；在两种出行方式都方便的情况下，她也会选择搭乘飞机而不是坐火车。来年夏天，面对气候变化引起的酷暑，她大声抱怨并将空调温度调得很低，而这又将加剧气候问题。

大宗垃圾回收处并不太远，但他把家里的大件垃圾直接扔在了小区垃圾桶里。他飞快地溜回家以免碰到邻居，因为他知道自己这样做是不对的。

明知道密网眼渔网已被禁用，这个渔民还在用此工具捕鱼，而后又哀叹渔业资源逐年枯竭。

公共财政被用于维护道路设施，保障教育和医疗系统的运行。她心安理得地享受这些服务，却没有向税务机关申报刚刚收到的一笔现金。因此，这笔本该上缴的税款将不会进入公共财政。

人口过剩是造成环境破坏和自然资源枯竭的主要原因。但他们既想组建一个大家庭，又为自己后代的未来担心。

我们就不再列举像这样充满矛盾的态度了。而且，这种矛盾不只存在于人类中，它还延伸到了其他动物及植物界。既然整体情况的恶化会给所有人带来损失，为何公共资源如此难以维护？

为什么要损坏公共资源

1968年,美国生态学家哈丁(Garett James Hardin)发表了一篇日后被大量引用的文章。这篇文章阐明了导致资源过度开发的机制。而且他的观点可以应用于自然资源管理、农学、经济学或政治学等众多不同领域。这篇名为《公地悲剧》(The Tragedy of the Commons)的文章采用了思想实验,作者设想了一个公共牧场,一些牧民在此放牧。

实验的原理很简单:牛群中每增加一头牛,牧民的收入就会在出售这头牛时增加。但草地面积和草被啃食后再生长的速度是固定的。因此,每增加一头牛就意味着公共资源的减少;由于食物变少了,每头牛还会变瘦。但对于牧民来说,多卖一头牛带来的利润仍然高于牛变瘦带来的损失。这正是问题所在。既然利润总是大于损失,且牧民总想提高自己的收入,他们肯定会尽可能多地增加牛的数量,而不考虑过度放牧的草地最终会变成一片寸草不生的泥地。更不合理的是,如果有一位牧民意识到这种行为最终会酿成悲剧,并决定停止增加牛的数量,跟那些继续购买牛的人相比,他反而要承受经济上的损失。

通过这个例子,哈丁证明了在公共财产和可持续性之间存在不相容性。即使这个例子看起来太过简单且有不足之处——例子中的牧民被认为是心胸狭隘、唯利是图且彼此之间无法沟通的人,但该理论的影响是巨大的,并且在几十年里衍生出众多经济和政治推论。

如上所述,在许多情况下,剥削或不爱惜免费的公共资源的确可以让个体以相对较低的成本获得显著的收益,但实际上,成本是集体分摊的。当前的气候变暖无疑是最具代表性的例子之一,所有人为此付出代价,而不只是那些给气候带来最多伤害的人。大多数无法主张所有权的公共资源(如气候或海洋)都是有限的,被一个人使用之后就无法被另一个人使用。因此它不只是竞争的对象,往往还在短期内遭遇粗暴对待或长时间地过度开采。更可怕的是，当公共资源的使用者意识到资源正在枯竭时，反而会力求在资源消失前尽可能地获益，于是变本加厉地开采资源，最终加速了资源的消亡。

如何拯救我们的资源

幸好，有方法可以修正这种自我毁灭。而且之后，哈丁用一篇题为《不受监管的公地悲剧》(The Tragedy of the Unmanaged Commons)的文章，调整了理论的名称。

在这位生态学家看来，一个显而易见的解决方法是私有化，这样可以让资源得到其所有者的重视，有利于可持续发展。另一个解决方法是将资源国有化，或者委托更高级别的行政部门去管理，即成立一个具有立法权且有能力制裁违规者的权力机构。对那些不顾法律继续过度开发公共资源的人处以罚款，一方面可以减少其获得的利润；另一方面能告诉守规者，他们不是这种情况下唯一的损失者。处罚使用违禁渔网的渔民就是这种情形。违规者意识到自己的利润会因为罚款而减少，守法的渔民也不会因为使用合规的渔网而觉得吃亏。当然，在现实生活中，如果监管力度不够或者罚款的金额偏低，违规获得的利润仍高于偶尔被抓要缴纳的罚款，一些人还是会故意破坏规矩。一项规定若能切实保障公共资源的可持续性，会有更多的人去遵守。相反，缺乏信任极其不利于规定的接受。仅靠设立海洋自然保护区不足以保护海洋资源，但这种方式有助于在短期内维护渔业资源，渔民也更乐意接受限制措施。

另一种方案在人类社会中也颇有成效。它建立在名誉的基础上，即对行为高尚的人予以嘉奖。这是一种间接互惠(indirect reciprocity)的解决方式：消费者购买公共资源维护者的产品，以此肯定生产者的态度和行动，重视公共资源的生产者也因此增加了收入。一个良性循环随之形成。

性选择也能在这个过程中发挥作用:一些研究表明,单身男性在其心仪女性在场的情况下,会对公共资源保护表现出合作态度。这种美德可以提高他们的声誉和吸引力,因为利他主义和慷慨往往是女性在男性身上寻求的特质。

因此,走出公地悲剧的方法在于减少不尊重公共资源行为的获利,同时增加守规者的收益。这两者并不是互斥的,而且结合起来还能产生协同效应。例如,针对汽车因缺乏维护而污染大气的情况,可对车主处以罚款,同时补贴节能车购买者。

圣布里厄湾的胜利

法国布列塔尼地区的圣布里厄湾盛产圣雅克扇贝。这里的故事很好地诠释了公地悲剧产生的原因并给出了解决办法。该海湾的生态条件非常适合扇贝大量生长,因此这里的扇贝资源非常丰富,但直到20世纪80年代初,渔民都在争相抢夺这种自然资源,他们的收入与捕捞量成正比。促使公地悲剧发生的所有条件都集齐了。过度捕捞扇贝给当地个体渔业带来了经济危机。于是,约200艘扇贝捕捞船的船主就捕捞量达成了一致:捕捞的扇贝数量要匹配剩余扇贝的生殖能力。只有特定大小和功率的船只才能获准捕捞,捕捞的配额是固定的,且每年的捕捞期只有几个月。即使在捕捞期内,每周也只能捕捞两天,每天不超过45分钟。另外,使用的网眼要能漏过那些最小的扇贝,就算捕捞上来,这些小扇贝也不得出售。一旦用尽配额,捕捞期哪怕还未结束,都必须停止捕捞。这些措施促使某些渔民对设备进行现代化改造,以便在每周规定的两次捕捞机会内尽可能多地获得扇贝。看来,公地悲剧的内在逻辑是根深蒂固的。但事与愿违,配额在前期就用尽了,反而提前结束捕捞期。总体来说,行动还是成功的,公地悲剧未在圣布里厄湾重演。现在,那里的数百名布列塔尼渔民仍能以捕捞圣雅克扇贝为生，且其他所有与此相关的活动也得以继续。

生物的利己主义

公地悲剧还蔓延至其他物种。实际上动物和植物也有公共资源。自然选择往往会让生物以一种自私的方式运转，肆无忌惮地为了自身的利益而过度使用公共资源。公共资源引发竞争，不可避免地会被耗尽，群体或物种因此遭受负面影响。但是，所有由人类发明的可行方案都建立在谈判、制度或规定之上，只适用于人类。那么生物如何避免公地悲剧？

事实上，生物学家已经证明，在动物界或植物界，存在多种对待公共资源的方式，但各种方式代表的利己主义最终都会导致群体变弱。一种情况对应哈丁描述的局面，即对营养资源的过度开发最终导致这个地区的原住民无法继续在此居住。如一片刚被蝗虫糟蹋的农田：饱餐一顿之后，这群蝗虫无法留在原地，因为已经没有任何可以吃的东西了。有时，这种对资源的过度开发还会给群体带来同等程度的间接损害。在夏季，浮游生物不加节制地利用环境资源，直至形成水华现象，即水中的藻类或单细胞生物迅速无节制增殖。浮游生物大量增殖后会很快死亡，形成缺氧环境，导致所有需氧生物死亡。还有同一宿主身上的寄生虫，它们之间的竞争促使各自提高致病力，导致宿主的健康状况不断恶化，最终死亡，但是所有寄生虫赖以生存的食物和住宿地一同消失了。陷入这种竞争逻辑的噬菌体也会过度吞噬细菌，在将细菌全部消灭的同时也失去了最爱的食物。

作弊者的诱惑:以反疫苗者为例

对于一个群体来说,公共资源有时不是指外部资源,而是群体合作即集体制度产生的利益。这时,作弊者就是那些破坏制度的自私鬼,他们享受着集体利益却不做出自己的那份贡献。从进化生物学家的角度看,作弊的诱惑很好理解,如果作弊者没有被他人发现,他既可以享受作弊行为带来的好处,还能享有集体制度产生的利益。当大多数公民都接种了疫苗时,拒绝接种疫苗既利用了群体免疫这个公共资源(免疫人口占比很大时,病原体就会停止传播),又无须承担接种可能带来的不良反应。但病毒性流行病之所以没有暴发或得到控制,是因为大部分人冒着风险接种了疫苗。当拒绝接种疫苗的人增多时,群体的免疫力就会下降,所有人都要承担由此造成的后果。

抗生素也是一个值得探讨的案例,因为它发挥作用的逻辑是相反的。这一次,公共资源在于保持病菌对药物的敏感性,从而在理想情况下能令任何被感染的个体获得有效的治疗。但问题是,如果很多人频繁使用抗生素,对病菌的选择压力会催生出耐药变异体,降低抗生素的整体有效性。在这种情况下,在个体层面起保护作用的疗法却对群体不利,而对于集体有利的行为就要限制个人抗生素的使用。因此抗生素需要处方才能购买。此外,在畜牧业中大量使用抗生素也会提高病菌的耐药性。这是目前公共卫生研究面临的最大挑战之一,也是进化科学与医学研究需要结合的最佳例证之一。

细菌会作弊吗

再来看看细菌。它们也以群体方式生存,且有一个宝贵的公共资源:细菌生物被膜(biofilm)。这是一种有组织的细菌细胞群落,被多种分子组成的聚合基质包裹。生物被膜为细菌提供了各种资源,帮助它们在不利的环境条件下生存,抵抗宿主的免疫应答或是耐受抗生素。然而,许多研究表明,在一个生物被膜内,不是所有的细菌都履行了自己的责任:一些细菌在发生突变后,既享受生物被膜的好处,又不配合维护公共资源。相比于其他细菌,这些作弊细菌有了更大的优势:它们无须为合作投入资源,可以把所有的能量都用来耐受抗生素。因此,在宿主使用了抗生素后,这些细菌生存的概率就会增加。但它们的行为最终会危及生物被膜这个公共资源。抗生素治疗与细菌耐药性,以及目标细菌社会组织之间存在冲突,明白这个过程及其原因和结果有助于优化治疗。

人体细胞也作弊

在细胞作弊者中,少不了人体细胞的身影。多细胞生物的机体是一个集体系统,系统中所有的体细胞都放弃了自己的生殖以保障生殖细胞传递共同的基因。但人体细胞也会作弊。一些被称为"僵尸细胞"的衰老细胞无法正常工作,不再参与维持机体的正常运转,但它们却拒绝进入细胞凋亡的程序。虽然这些细胞是无害的,但它们仍会消耗一部分资源。其他一些拒绝合作的细胞则危险得多,它们在人体内构建出一个平行系统直至形成恶性肿瘤。从这个角度看,这些作弊者就像犯罪组织(见第五章)。但多细胞生物的身体通常包含数十亿个细胞,引发癌症的细胞突变事故在统计上仍然是罕见的,这间接证明我们对身体这个公共资源的管理并没有那么糟糕。

一些社会性昆虫,如蚂蚁或蜜蜂的种群内也存在类似的公共资源保护机制。在这些动物的社会中,有着严格的分工:只有极少数个体负责生殖(往往是蚁后或蜂后),剩下的是在大多数情况下都不进行生殖的工蚁或工蜂(见第八章)。但有时,工蚁或工蜂不想再为集体的利益工作,就会试图繁殖后代。它们的卵通常会被其他的工蚁或工蜂发现并销毁。在某些种类的蚂蚁种群内，每只蚂蚁都有生殖能力，但作为交换，个体都必须为保障公共资源而参与集体任务，如喂养幼虫或其他一些维持蚁巢正常运转的工作。但总有不守规矩的蚂蚁，不付出劳动就生殖，充分享受集体生活的好处。这种情况甚至会导致“社会毒瘤”的出现，即一部分个体只生殖，从不参与集体劳动，却同时享受其他个体的劳动果实。作弊现象还会出现在其他行为中，如在鸟类或哺乳动物的一些种群内，有负责集体安全的哨兵，但某些个体在放哨时会趁机开溜，去捕获猎物。

公地悲剧甚至会出现在植物界！如果每棵植物都以相同的方式生长，它们对光资源的获取将是平等的，无须和周围的植物进行竞争。如果某一棵植物长得高一点，它能享有更多的光照从而产生更多的种子。但此时，它会给周围的植物造成阴影并相应地降低它们的生殖力。这就导致植物全都拼命向高处生长，不惜损害自己的生殖力。森林中密布的参天大树就是这种投入大量资源进行竞争的结果。因此，本可以没有竞争的公共资源就这样被利己主义破坏了。

致命的间接损害

在多数情况下，公地悲剧不会导致资源的彻底损坏，也不会毁灭使用资源的群体。但它仍会危害群体的发展。为了充分衡量其影响，需要定性和定量地对比没有公地悲剧的结果和存在自私个体所产生的损失。在出现“社会毒瘤”的蚁群中，尽管并非所有的工蚁都作弊，但试图偷偷繁殖的工蚁的数量还是超过该蚁巢能承受的最大比例。

我们也可以从反方向推算，将偏离的强度与导致群体崩塌可能的强度进行对比。性冲突中的公地悲剧是一种特殊的情况。在一个种群内，雌性往往是一种宝贵的资源，雄性会为此展开激烈的斗争。这种竞争有时会带来致命的间接损害，受害者不只是雄性，还有被众多急切追求者骚扰的雌性。蟾蜍经常会出现这样的情况：雄蟾蜍在水中等待雌蟾蜍出现，一旦有雌蟾蜍跳入池塘，它们立刻成群结队地扑向目标。这种过度的觊觎往往是致命的，无法再浮出水面的雌蟾蜍最终被淹死了，没有给任何雄性留下后代。如果每只雌蟾蜍都是这种下场，整个种群的遭遇将难以想象。此外，研究人员通过控制胎生蜥蜴（*Lacerta vivipara*）的性别比，同样证明雄性过多就会出现类似的争夺过程，最终导致种群的局部灭绝。由此可见，在物种保护方面也要避免公地悲剧发生。

屏障机制之谜

然而，还有很多我们以为会发生公地悲剧却未发生的情况。种群得以维持，资源也没有被掠夺一空。其实，这是屏障机制发挥了作用。但为什么会有屏障机制，它又是如何发挥作用的？

一种解释是，在个体层面代价巨大但对集体有益的行为会让个体直接从中受益。因此，集体合作并不总是给个体带来损失。那些负责监视潜在捕食者的狐獴，也是最先知道有危险并能最先逃跑的个体。因此，在"值班"期间太偷懒对它们来说可能是致命的。

种群内个体间的亲缘关系是另一种可能的解释。当这种亲缘关系很强时，破坏公共资源的自私者最终危害的是同基因同伴的生殖。

第三种解释是作弊者会受到惩罚。那些企图通过作弊窃取他人合作成果的个体若受到严厉的惩罚，如被群体排斥，那这点零星的好处相较高昂的代价就不值一提，因此惩罚相当于震慑，可以保障集体合作。根据这个理论，科学家对多个存在作弊者的物种（如狮子、狐猴、黑猩猩、社会性织布鸟）进行了观察，几乎没有找到惩罚的证据，或者说目前证据存疑。

如何惩罚自私的作弊者

惩罚有多种形式。有的需要付出较大代价,有的则不用。前文中提到的偷偷生殖的工蜂,吃掉它们的卵就是一种不费力的惩罚方式。一旦惩罚变得费时费力,就会在理论上触发另一种形式的公地悲剧。如果一个实施惩罚的个体由于不想耗费精力而没有替集体执行惩罚时,其是否也应该受到惩罚?机智的人类发明了一套消耗极低的惩罚系统,即神的惩罚。一项针对67个国家道德状况的研究表明,即使对于那些最低调的作弊者,这套系统也能起效。按照宗教信仰的逻辑,就算惩罚于死后执行,地狱的存在也会让作弊者害怕,从而克制其对利益的掠取,而天堂的存在则宽慰了那些为了集体利益做出牺牲的个体。神灵惩罚形式的难点在于要先建立起这种精神共识。随后,这个惩罚系统就能自行发挥作用,以极低的成本保护某些公共资源。

如果一种资源开发太快以至于很快稀缺,系统也会进行自我调节,此时,执意要继续开发资源的人必须以同样快的速度提高时间或精力成本才能获得资源。如果是利润驱使,一旦利润不够高了,即使资源还在,他也不会继续开发了。根据栖息地和物种的区别,有的资源不可能被过度开发。如果牧场很大且食草动物的数量受到捕食者的调节,牧草就能一直保持充足,足以持续喂养这里的食草动物,永远不会出现过度放牧的情况。

频繁发生、威力强大且时而无情的公地悲剧能够影响物种的进化史。一些群体或物种在自然选择的游戏中失利,往往就是因为它们无力应对公地悲剧,而那些进行调节的群体就处在了优势地位。例如,体型巨大且长寿的物种具有更强的抗癌适应性,这个现象让皮托发现了以他的名字命名的皮托悖论。该悖论指出,在物种层面,患癌概率与生物的细胞数量没有明显关联(见第五章)。回顾作弊细菌我们会发现,在细菌亚群中,既有作弊细菌居多的亚群,也有合作型细菌占上风的亚群,相比之下,后者会有更好的表现,其中的细菌个体生殖更快,而且当环境变差时,这些亚群灭绝的概率更小。因此,合作型细菌的总数在细菌总量中得以保持在高位,而且这个现象会得到强化,当作弊细菌更多的亚群出现局部灭绝时,会释放出一些可被合作型细菌占领的空间。

公地悲剧令人着迷且在很多方面依然神秘,因此生物学家仍在继续对此进行研究。重要的是,它告诉我们,理解生命的动态是很复杂的一件事,不能单独分析其组成部分。整体的行为受各个参与者相互作用的影响,反过来又会通过各级自然选择影响参与者的进化轨迹。避免公地悲剧发生的措施也会受这种复杂性的影响,有时甚至带来相反的效果。因此,应对公地悲剧需要运用策略预判结果。

第十章

双胎的出现只是概率问题吗

双胎现象由来已久，最古老的双胎化石于奥地利出土，可以追溯到3万年前。而且一直以来，双胎充满神秘色彩，令人着迷。

不同的社会对双胎的出现有着截然不同的态度。在马达加斯加岛或安哥拉，双胎是不幸的象征，被当地神话视作不祥和破坏力量。相反，在贝宁、马里中部和布基纳法索北部的多贡部落里，双胎代表神灵的祝福，因此备受宠爱。此外，双胎也常常因为难以区分而闹出笑话。科学家也对双胎很感兴趣，因为双胎妊娠是一个悖论。首先，在不同的国家和地区，双胎出现的概率存在很大差异。全世界每年出生约320万对双胎，其中有80%来自非洲和亚洲。如果除以人口数，非洲是双胎出现概率最高的地区。东亚、大洋洲及南美洲出现的概率最低，欧洲和北美洲居中。当然，这些统计数据并不是固定不变的，如在法国，自20世纪70年代以来，双胎的出生数量几乎翻了一倍。但对于进化生物学家来说，最大的困惑在于，统计数据表明，双胎在婴儿期和幼年期的死亡率要高于其他孩童，双胎妊娠更容易导致早产和婴儿体重过低，从而威胁婴儿的生存。双胎活不过5岁的概率是其他孩子的2—5倍（具体数值根据地区不同有所差异）……此外，双胎还显著提高了母亲在分娩时死亡的风险。因此，在自然选择的作用下，人类和大多数大型哺乳动物一样，每次只能产下一个后代。然而,在所有妊娠中,双胎妊娠占比为0.6%—4%,还是相对较高的。双胎妊娠既然给胎儿和产妇都带来了风险,为什么这种倾向并没有随着时间的推移被淘汰?

真假双胎

双胎有不同的形成过程。所谓的"真双胎"指的是同卵双胎。单个精子使单个卵子受精,但形成的受精卵在第一次细胞分裂时分裂成了两个受精卵。于是,两个具有相同DNA的胚胎出现了,所以真双胎一定是同一个性别。长期以来,人们一直认为同卵双胎在遗传方面是完全相同的,但不久前科学家发现,它们会在发育过程中出现小突变而产生分化。尽管狗能通过气味来区别真双胎,但对于普通人来说,同卵双胎往往相似到难以分辨。

异卵双胎或被称为"假双胎",是由两个不同的卵子分别受精产生的。正因如此,在这种情况下,两个胚胎可以是不同的性别,这取决于精子带来的性染色体是X染色体还是Y染色体。因此,在遗传上,异卵双胎等同于兄弟姐妹,只不过是同一时间在同一地点形成的。有时,甚至还会发生异卵双胎是同母异父兄弟姐妹的情形。这怎么解释?精子在女性生殖道中最多可以存活5天。如果在此期间,一名女性与多名男性发生性关系,她在同一月经周期内排出的两个卵细胞可能会被不同伴侣的精子受精。这种被称为异父超级受精(heteropaternal superfecundation)的情况自19世纪10年代起就在医学文献中有记载,但目前仍极为罕见。

异期复孕(superfetation)的过程同样不可思议,当两个受精卵在连续的月经周期中着床时就会发生这种情况。这两个胎儿是双胎,但他们有不同的孕龄,因此从早期的检查中就能看出胎儿的大小不同。而且在这种情况下,胎儿的父亲也可能不是同一人。与其他的哺乳动物相反,异期复孕在人类中非常罕见，因为孕期的开始通常会抑制之后的排卵。目前，在医学文献中仅记载了十多例。异期复孕可能会带来一些大惊喜。科学杂志《人类生殖》(*Human Reproduction*)曾在2001年报道过这样一个案例。在一名被认为不孕的女患者身上，医生先对她进行卵巢刺激，然后，用体外受精的方法植入了两个胚胎。患者在促排卵和取卵之间与伴侣发生了性关系，同时引起一次双胎妊娠，最终生下同一个父亲的四胎！

最后，还有半同卵双胎(semi-identical twins)，遗传学家称之为倍精双胎(sesquizygotic twins)。这种情况因为太过罕见所以很少被提及。截至目前只发现两例，一例于2007年在美国出现，另一例于2019年在澳大利亚出现。当大量精子同时到达卵子周围时，一个卵子可能被两个精子受精，会出现这样的非典型情况。理论上，胚胎由于携带了一组额外的染色体会无法存活。但如果被双重受精的卵子不仅没有消失，还像同卵双胎那样分裂成两个细胞，就会出现半同卵双胎的情形。此时，双胎拥有完全相同的母体DNA，但由于精子不同，他们没有相同的父系DNA。例如，这对澳大利亚半同卵双胎，其携带的相同父系DNA仅有77.7%。而且让澳大利亚医生惊奇的是，这两个胚胎虽然跟同卵双胎一样，共享一个胎盘，但他们的性别不同！

为什么进化保留了双胎

双胎背后的进化原因一直是研究和争论的焦点。最常见的异卵双胎也是在不同的人口中表现出最大差异的双胎。这种情形为什么被进化保留？研究人员通过以下观察给出了一种解释。在冈比亚，有双胎妊娠倾向的女性通常会生出体型更大且更强壮的婴儿。因此，尽管双胎妊娠的成本很高，但它可以产生数量更多的后代，这个最终的结果还是有利的。然而，这个结论存在争议，在一些研究人员看来，同一批女性中生育力最强的女性在统计上本来就会生更多的双胎。所以,不能草率得出这些女性比其他女性更容易生双胎的结论。

其他的科学家,如芬兰图尔库大学研究员卢马(Virpi Lummaa)认为,双胎倾向是被自然选择调整的一个性状,这取决于在当地条件下能同时成功养育两个孩子的概率。当条件适宜时,双胎妊娠的概率会比较高,当条件不利时则降低。她根据1752—1850年的一系列数据,比较了芬兰内陆及岛屿上女性的双胎妊娠率和生育成功率,得到了上述结论。

在自然选择根据当地条件进行调整的过程中,出现了一种被称为双胎消失征(twin resorption syndrome)或"消失双胎"(vanishing twin)的现象。随着超声技术的进步,现在已经可以确定,许多最初的双胎甚至多胎妊娠最终都变成了单胎妊娠。双胎消失征一般发生在妊娠开始后的3个月内,消失的胎儿组织会被母体、另一个胎儿或胎盘吸收。

弥补流产的机制

异卵双胎是女性多重排卵即每个月经周期释放多个卵子产生的结果。既然双胎妊娠没有益处,为什么多重排卵的现象没有被自然选择淘汰?现在被广泛接受的一种解释是多重排卵能够弥补流产的可能性。流产是一种很常见的现象,即使是身体健康的女性也会遇到。常见的情况包括每次排卵时释放的卵子没有受精,或是受精后没能存活到最后。通过跟踪激素变化,我们可以检测女性是否怀孕,是否发生流产。数据表明,流产极其常见,而且年龄越大,流产的概率越高。针对孟加拉国一个人群的统计显示,流产率从18岁时的45%上升至38岁时的92%。因此,每个月排出超过一个卵子可以最大程度提升怀孕的机会。但这样也就会出现几个卵子都被受精并存活下来的情况,从而生出双胎、三胎或四胎等。在这种情形下,被选择的并不是多胎本身,而是作为一种适应性性状的多重排卵，目的是尽可能地提高怀孕的概率；多胎不过是这种适应的结果。因此，双胎妊娠其实是多重排卵必有的一种意外。

为什么晚孕生双胎的概率更大

如果观察双胎与母亲年龄之间的关系，我们会发现，这个概率在年轻女性中较低，之后随着女性年龄的增长而提高，并在35—38岁时达到峰值，而后回落。在20世纪90年代，科学家认为，这可能是因为当生育期逐渐接近尾声时，女性会降低对胚胎质量的要求来进行所谓的最后一轮投资。但近期的一种解释认为，多重排卵是一种应对流产风险的策略。由于这种风险在年轻女性群体中较低，因此她们很少多重排卵，也就不会有双胎。随后，当流产的风险增加时，就出现了多重排卵的现象以尽可能实现成功怀孕。数学模型显示，为了提高怀孕的成功率，从单排卵到多重排卵的过渡期出现在25岁左右。这些模型还表明，不论年纪大小，如果始终保持多重排卵或单排卵，每位女性在生育期结束后留下的后代数量其实会更少。因此，最好的策略就是在流产概率过高时才选择多重排卵。

除了母亲的年龄，科学家还发现了其他能促进双胎妊娠出现的因素。例如，异卵双胎在某些家庭中更常见，这表明可能有遗传因素的影响。饮食也能发挥作用：尼日利亚的约鲁巴人拥有世界上最高的双胎出生率（每1000名新生儿中有45—50对双胎），这可能是因为他们食用一种富含植物雌激素的薯蓣，这种激素有助于多排卵。常吃乳制品或是富含叶酸的食物，如菠菜、鳄梨或西兰花，也能提高双胎或多胎的可能性。体重似乎也有一定关系，超重的女性单次多重排卵的可能性更高。近几十年来，在一些国家，尤其是富裕国家，异卵双胎的出生率有所提高，相比之下，同卵双胎的出生率却保持稳定。科学家认为，这种现象背后的部分原因是人们更频繁地求助于辅助生育技术，且女性平均生育年龄有所延后。但总的来说，围绕双胎的谜团依然没有解开，而且还有很多相当奇怪的现象等待我们去探索，如一次能产四胎的九带犰狳(*Dasypus novemcintus*)。

第十一章

为什么会有左利手

你惯用左手还是右手？无论惯用哪只手，当我们用另一只手做事时就会不那么得心应手。如果通常用右手写字，那用左手写的字会非常难看。发球、挥剑也是同样的道理。对于所有需要一定的精确度或一定力量的活动，每个人都有惯用和擅长的那只手。一般来说，如果一个人做一件事惯用右手，那他做其他的事，尤其是那些需要力量或精确度才能完成的任务时也是如此，如使用锤子、锯子、刷子、钢笔或钳子。因此，除了个别左右手同样灵巧的人，我们要么是右利手，要么是左利手。在所有人种中，两种利手都存在。而且，右利手占了大多数。但左利手的数量也不容小觑，如欧洲惯用左手者的占比约为10%。

为什么右利手和左利手同时存在，而不是只存在其中一种？

这个问题看似无关紧要。毕竟人类的许多性状都存在多态性（polymorphism）。单是头发就存在颜色、厚度、发质（直发、环形卷发、带状卷发）、发式等方面的多种形态。眼睛、耳朵、下巴、嘴唇等也是如此。这些多态性中的大部分都是可遗传的，如眼睛或头发的颜色，耳垂的形态（附着或分离），惯用手也可遗传。

如果父母都是左利手，他们的孩子是左利手的可能性就比父母只有一方是左利手的要高，当然更高于那些父母都是右利手的。

至此依然不构成悖论。脸颊上有酒窝是一种可遗传性状，但这种下颌部的装饰不会带来任何优势或劣势。有没有酒窝不会对个体的生殖产生影响，因此这很有可能是一种中性性状。其他性状，像耳垂的类型或鼻子的形状也是中性的。这些中性性状的出现频率会随代际遗传发生改变，但这种变化是随机的（即所说的漂变），因此这些性状在某个时间以某个频率出现是偶然的结果。

左利手的劣势

然而，惯用手不是一个中性性状。通常男性的身高关乎生殖的成功率，而且女性通常更喜欢比自己高的伴侣，但左利手者的平均身高低于右利手者的平均身高。左利手者似乎比右利手者更容易遭遇事故，寿命也更短。当然，这方面的研究还未能形成定论。在患有精神疾病（精神分裂症、癫痫、学习障碍、精神障碍、孤独症等）的人群中，左利手的比例更高，有时甚至是一般人群的两倍。在有发育缺陷（唇腭裂、口吃、脊柱裂等）的人群中，左利手的比例也更高。这表明，如果胚胎在发育过程中受到了压力，就会增加左利手出生的可能性。而且在低体重新生儿中，左利手的比例高于其他类别的比例。虽然相关研究还不够明确，但关于左利手的分类，科学家认为，至少存在以下两种类别的左利手：遗传因素决定的左利手，胚胎发育或出生期间的压力导致的左利手。

至此，悖论初现端倪：惯用手是一种可遗传的性状，而且在生存和生殖方面，与惯用右手相比，惯用左手与更多负面的性状有关。两种惯用手之间的差异没有那么大，因此需要经过很多代人，自然选择才能减少左利手的出现，直到其与基因突变或发育异常带来的新变化达到同样的频率。说到底，左利手和右利手究竟是从什么时候开始出现的？

手部考古

我们可以从一个人的骨骼、使用的工具或制造的物品来判断其惯用手。左利手的左臂肌肉更发达,对应的肱骨也更厚。网球运动员就有这种典型特征。很多工具也有利手倾向,如现代社会的剪刀,短柄镰刀、长柄镰刀等农具,以及武器。在喀麦隆的恩图穆(Ntumu)部落,右利手和左利手使用的大砍刀有不一样的打磨方式和名称。最后,从工具使用的痕迹我们也能判断使用者的惯用手。在考古研究中,我们可以通过还原撞锤打击燧石块的方式来确定这个工具制造者的惯用手;还可以通过观察狩猎采集者咬肉时形成的牙印来判断他的利手;洞穴岩壁上的左手手印是另一只手握住管子将颜料吹到墙壁上形成的。上述考古研究表明,右利手和左利手在至少50万年前就已经在欧洲共存了。这意味着尼安德特人已有左右利手区分,而智人(*Homo sapiens*)是在约4万年前才来到欧洲的。追溯到更早的时期,我们发现,灵长类动物惯用手的一致性要低得多,只有极少的个体才会总用同一只手使用工具。因此,目前看到的明显的利手倾向,很有可能是人属(*Homo*)的一个特征。至此,悖论进一步深化了:右利手和左利手在人类世系中共存了很长时间,而惯用手是可遗传的(因此它的出现频率能在自然选择的作用下改变),且左利手与一些负面的性状相关。那左利手应该在很早以前就消失了,或者变得非常罕见。但事实并非如此。

为什么左利手没有消失

要解决这个悖论,首先要找到作为左利手所具备的优势,这样才能弥补那些已知的负面性状。如果左利手并没有因为该优势而在生殖方面比右利手表现得更好,我们仍需要别的理由来解释左利手的存在。如果这种优势能给左利手带来更好的表现,悖论就反过来了,即为什么会存在右利手。很显然,这样一个能正好补偿上述负面性状的优势是不太可能存在的,更何况这种补偿需要在任何时期对任何人群都保持不变。诚然,作为左利手必然具备某种优势,更重要的是找出维持惯用手多态性的机制,即左利手和右利手始终同时存在的原因。

我们在运动员群体中发现了第一条线索。某些体育项目,如网球、乒乓球、拳击等,有很多左利手冠军,在击剑冠军里甚至有50%是左利手。难道左利手更有运动天赋?并非如此,其他运动,如游泳、体操、各类赛跑、投掷、跳跃等,冠军里的左利手并没有比普通人群中的多。事实上,左利手特别擅长的都是那些有直接互动的运动。网球运动员要根据对手的出球立刻做出反应;相反地,无论对手表现如何,铅球运动员做的动作是大致相同的。在互动型项目的冠军中,左利手的比例确实偏高。这是为什么?

由于左利手运动员较少,他们主要与右利手选手一起训练。当一个右利手与一个左利手对抗时,由于偏侧性不同,训练是不对等的,这就为左利手带来了出其不意的战略优势。这种战略优势因此被大量研究、建模、测量。但是,当左利手运动员的比例提高时,这种优势就会减弱。左利手运动员越多,与右利手交锋得就越频繁,出奇制胜的效果就越差。最终,当运动员中有50%的左利手时,该战略优势就不存在了(如果左利手比右利手还多,有战略优势的就会是后者)。因此,左利手的优势取决于他们出现的频率。这就是第二条线索:负频率依赖性(negative frequency dependance),这种优势有利于右利手和左利手共存。负频率依赖性假说很有吸引力,但仍有3个细节需要考虑。

左利手武装得更好?

第一个是基本细节。这些互动型运动并没有存在特别久,现代网球和乒乓球都是19世纪才出现的,且运动员只占人口的一小部分。既然如此,左利手在互动型运动中的优势可以用来解释惯用手多态性的持续存在吗?答案是肯定的。我们可以将互动型运动看成一种仪式化的战斗,它有开场仪式、严格的规则、被禁止的行为,以及决定谁是赢家的协议。这种仪式化的战斗有时与真正的战斗很不一样,比如在网球比赛中,没能用球拍回击球的人将会是输家。对于某些运动,如击剑、空手道、柔道或拳击,也有对应的规则。但在各种各样的互动型运动中,惯用左手能通过不同的方式(球、球拍、剑、拳击手套等)达到出其不意的效果,这表明这种效果也存在于真实的战斗中。诚然,从远处发起攻击的现代武器不利于左利手发挥优势,这是因为对手离得越远,出其不意的效果就越弱。但几千年来人类用来攻击的武器是刀刃,或直接以拳头相向。在这种名副其实的搏斗中,左利手有什么优势?出于安全考虑,目前还没有关于这个问题的直接研究,而且这种类型的搏斗越来越少。不过,我们可以间接开展研究。当暴力程度升级时,左利手更能体现出优势,生存机会更大。相应地,这意味着更多成功生殖的机会。因此,模型预测表明,在不同的社会中,暴力程度升级会增加左利手出现的频率(研究涉及的仍然是不存在热兵器的传统社会)。针对8个传统社会的研究数据证实了这个预测:暴力水平和左利手数量之间的增长关系非常显著。因此,和平的社会仅有3%的左利手,而在暴力种群中,左利手的比例高达23%。当然,我们需要研究更多的种群,但这种类型的研究现在已无法开展,如今没有枪支的社会已极其罕见。

第二个细节偏技术性。负频率依赖机制会让右利手和左利手达到同一频率(50%)的平衡状态,但这种情况在任何人种中都未出现过,无论是过去还是现在。这种理论假设的前提是,作为左利手是不存在任何成本的。但实际上成本是存在的(见前文),尽管我们还难以确切地指出它的性质(也许和不同的大脑组织有关)。因此,左利手出现的频率与50%之间的差距是其成本的间接度量。

第三个细节与女性有关。任何时期的战斗都以男性为主,那么对于女性维持惯用手的多态性,自然选择的作用应当微乎其微,左利手在女性中理应很罕见。但事实上,就算女性中仍以右利手居多,但左利手仍有一定的数量。这种情况该怎么解释?我们发现,在父母只有一方是左利手的情况下,如果左利手是母亲而不是父亲,孩子是左利手的概率更高。这表明惯用手是部分母系遗传,这可能有助于维持该性状在女性身上的表达。或者,自然选择已开始筛选减少女性左利手表达的遗传因素,但这个过程仍在进行中。关于这个细节,目前我们还需要做更多的研究。

总之,个体间的暴力行为有利于左利手出现,因为能充分表达其战略优势。但这并不代表左利手更暴力,他们只是在暴力的环境中比右利手更具优势。根据考古发现,个体间的暴力行为存在于所有已知的文明中,尽管形式不同,但这些行为自发现以来一直存在。正因如此,几千年来右利手和左利手一直共存于所有的人种中。即使在最暴力的社会,左利手的比例也不到50%,这还是由于左利手需要付出一定的成本。在现代社会中,左利手的战略优势很可能仅体现在互动型运动中,这当然不足以在全球范围内维持人口的惯用手多态性。因此,现代社会出现了左利手频率下降的趋势。但从西方社会获得的数据不能用来解释这个问题。因为在最早(20世纪上半叶)的人口研究中,人们主要以写字的那只手作为判断惯用手的依据。这个标准是有问题的,当时的文化倾向会阻碍左利手写字,尤其是在学校里。但我们确实观察到,偏侧性的遗传力在20世纪下降了,也就是说,惯用手从父母遗传给孩子的情况减少了。这在很大程度上是因为那些需要力量和精度的任务已实现自动化而无须人工操作,如在农业中，机器取代了各个领域的大部分体力劳动（电钻取代了手摇钻、螺丝刀、起子等）。此外，根据20世纪中叶以来在同一年龄段进行的标准化测试，欧洲人口的手部力量普遍有所下降。这就是为什么会存在双手都灵巧的人，他们既可以用左手也可以用右手去画画或写字。不过更加常见的是偏侧性不同的人，如用右手写字，但用左手拿刀。但在那些不使用现代工具且有明显的惯用手的人种中，这两种类型的人都很罕见。

此外，在现代社会中，从社会经济地位来看，左利手在上层梯队中出现的比例似乎更高，这表明他们应该还有其他的优势。这是一条亟待探索的新研究方向。虽然惯用手的悖论还没完全解开，但答案似乎已经在不远处了。

第十二章

形成同性恋取向的原因是什么

同性恋是一个悖论吗？从进化的角度来看，是的。与同性发生性关系会导致较低的生殖率。尤其是在同性恋者身上还未发现能够弥补这种生殖损失的优势，如更长的寿命。更让人费解的是，男同性恋取向是可遗传的：如果父亲是同性恋者，儿子是同性恋者的概率就会增加4倍。虽然这种遗传是局部的，但仍和基因有关。在统计过的人种中，男同性恋者的比例为2%—6%，对于一个不利于生殖的性状来说，这是相当高的比例。

为了理解这一现象，科学家本能地想到去研究其他物种的同性恋偏好，从而进行对比分析并最终对其起源做出解释。不巧的是，野生动物目前尚未观察到同性恋偏好。但在很多社会性动物身上，我们观察到了同性恋行为，哺乳动物和鸟类尤为显著。动物的同性恋行为与下列两个因素有关：一方面，多配制导致许多雄性没有雌性伴侣；另一方面，雄性又需要通过性关系来维持和加强联盟关系（事实上，人类也存在由社会环境导致的同性性行为，它们常常出现在女性极其罕见的环境里，如监狱或军队）。因此，在动物界的自然种群里，科学家还没有发现只偏好雄性的雄性同性恋者。唯一的例外：某些家养品种的绵羊会出现真正的同性恋公羊，我们将在后文加以解释。总之，同性恋悖论主要限于人类。

一个古老的故事

男同性恋者是从什么时候开始出现的？回到过去，在2000多年前，维吉尔（Virgil）、亚历山大大帝（Alexander the Great）、芝诺（Zeno）、柏拉图（Plato）等都是已知的具有同性恋偏好的人物。再后来还有路易十四（Louis XIV）的弟弟*、达·芬奇（Leonardo da Vinci）和米开朗琪罗（Michelangelo）。一些19—20世纪的著名人物也是男同性恋者，包括普鲁斯特（Marcel Proust）、吉卜林（Rudyard Kipling）、图灵（Alan Turing）、洛尔迦（Federico Garcia Lorca）、图尼埃（Michel Tournier）等。

同性恋偏好不只出现在西方社会。一些差异很大的人类社会都有对同性恋的记录，如俄罗斯远东地区的楚科奇人、乌干达的布吉苏人（Bagisu）、巴拿马的库纳人等。上述举例足以说明男同性恋者存在已久，且在世界各地都有。

那么，该如何解释同性恋悖论？第一个解释与亲缘的选择有关。这种选择导致个体的生殖力下降甚至完全消失，社会性昆虫种群内的不育等级就是这类情况。膜翅目（hymenoptera）有特殊的遗传体系（见第八章），如工蚁帮助蚁后繁殖而放弃了自己的生殖机会，这样能产生更多携带自己基因的后代。虽然这个特殊的结果不能推及其他的种群（遗传体系不一样），但这个机制仍有参考意义。如果降低自身生殖力的行为能极大地增强亲属的生殖，这种行为也会被选择。一个没有孩子的男同性恋者可以将原本照顾自己孩子的精力转移到家族的其他孩子身上，如与他共享1/4基因的侄子或侄女，从而弥补自己在基因传递方面的损失。基于此理论，为了弥补一个孩子对应的遗传损失（与他共享一半基因），需要两个侄子或侄女。这样一来，牺牲自己的生殖而促进亲属生殖的遗传因素

---

* 指奥尔良公爵菲利普一世（Philippe Ⅰ，1640—1701）。——译者

就会被选择。但研究人员以不同的形式衡量了同性恋和异性恋成年男性对家庭的付出后得出相同的结论:亲缘选择无法解释同性恋的起源,我们需要另辟蹊径。

矛盾的基因?

第二个思路是看生物界是否存在已知的机制,能从生殖的角度来解释这些矛盾。例如,具有拮抗作用的基因。所有进行有性生殖的物种很可能都携带这种类型的基因,它会根据性别的不同产生积极或消极的影响(拮抗说法的由来)。近期的研究表明,与异性恋家庭相比,同性恋家庭的女性具有更强的生殖力,但男性的生殖力没有差异。部分研究人员认为,可能存在一种母系遗传因素,它对女儿和儿子的生殖力产生相反的作用,即在提高女儿生殖力的同时降低儿子的生殖力。因此,这个因素既有积极影响(提高女性的生殖力),又有消极影响(降低或消除男性的生殖力)。如果其带来的优势超过劣势,这个基因在人口中出现的频率就会增加。只关注男同性恋者的生殖劣势,我们很难理解这种基因决定论的存在。但当考虑到它能为女性带来的生殖优势时,不难理解这样一个遗传因素为何可能被选择。尽管多个团队的研究都表明这是一条可行的探索路径,但现在就判断这个假说是否成立还为时尚早。

说回开篇提到的绵羊:在一些绵羊中,尤其是20世纪筛选出的高生殖力的品种中会出现同性恋公羊,这种现象就可以用拮抗基因这种遗传因素来解释。当然饲养员从未想过会在筛选绵羊后得到同性恋公羊,况且他也不知道该如何处理后者。但如果存在这样一个基因,饲养员在筛选出更有生殖力的母羊时,也会间接筛选出同性恋公羊,这就是基因拮抗机制存在的补充证明。近期的一项基因组研究表明,这种拮抗机制确实存在,但它的优势并不表现为更强的女性生殖力(所有的最新研究都未证实这一点)，而是亲属中的异性恋男性更容易得到女性的青睐。当然，这些新观点还有待进一步证实。

可以明确的是，能够解释男同性恋的遗传因素的确存在。但需要强调的是，同性恋基因并不是只有一个，影响同性恋的遗传因素分布在多个基因上。而且，遗传因素只能部分解释男同性恋者出现的原因，也就是说，还存在无关遗传的生物学或社会决定因素。目前，科学家还不明确任何一种后天决定或影响个体性取向的因素，但这并不意味着这些因素不存在。只不过，即使它们存在，我们也无法用科学方法对其进行描述。

神秘的兄长效应

在无关遗传的生物学因素中，出生顺序是一个重要的因素，即所谓的兄长效应。成为同性恋的可能性会随着兄长数量的增加而提高。而弟弟或姐妹的数量对此没有任何影响；是否与兄长一起长大也不会改变结果。这表明兄长效应是生物学而不是家庭或社会影响的结果。并且它也无关遗传，因为出生顺序是一个不可遗传的性状(年幼者的下一代不会都是年幼者)。关于兄长效应的解释偏技术性：母体在多次孕育男婴的过程中，会对男性胚胎大脑的特异性遗传性状传递基因逐步形成免疫应答。在孕育了多个男婴之后(即对下一个男婴来说有更多的兄长)，母体的免疫应答可能会干扰一种特征性分子，这种分子在大脑向男性状态发展的过程中产生一定作用。兄长效应假说似乎被广泛认同，但它从何而来，为什么存在？这是目前非常活跃的研究领域。

平均而言，男同性恋者比异性恋者有更多的兄长，但长子中也存在很多同性恋者，兄长效应只能解释1/7的男同性恋情况。

此外，科学家对女同性恋者的研究较少，相关了解也较匮乏。它很有可能与男同性恋者有着不同的机制。科学家近期提出了一些形成女同性恋倾向的生物学因素,这能启发其他的团队对此进行验证,从而更好地理解女同性恋现象。

男同性恋悖论目前还没有明晰。科学家已经识别出遗传和非遗传的决定因素,但选择了这些因素的进化力量究竟有哪些?拮抗作用机制是值得考虑的一种可能性,但欠缺有说服力的证据。科学家还提出了其他很多有待验证的可能性。总的来看,研究这个悖论的科学家并不多,这也是为什么在21世纪的今天,我们仍没能找到男同性恋的进化起源。

第十三章

负面情绪也会对身体有益?

我们都知道,很多疾病都是由外部的生物引起的。无论是寄生虫、病毒、细菌还是真菌,这些生命实体都想尽可能地传递遗传物质,甚至为了自身的增殖或传播不惜在宿主身上诱发严重的病理性紊乱,即我们所说的症状。

如果疾病来自内部,如自身细胞引起的癌症,这就令人费解了。但如相应章节所述,我们可以将脱离集体的癌细胞看作一种寄生虫,这种情况也就不那么矛盾了。那又该如何看待那些并非由自我复制实体引发的疾病呢,如与衰老相关的疾病?如果衰老被证实是无法避免的(见第七章),身体的损耗似乎也不再构成悖论。相反,精神障碍却能出现在生命的任何时期。虽然某些精神疾病,如孤独症或精神分裂症在整个人口中相对罕见,但其他许多精神疾病如压力过大、焦虑或抑郁则极为常见。排除由感染性病原体(如弓形虫)引起的精神疾病,疑问随之而来,自然选择为什么没能让我们摆脱精神疾病?

一些研究人员既从事精神病学研究,又是进化科学领域的专家。他们创立了进化精神病学(evolutionary psychiatry)这门新学科,美国亚利桑那州立大学进化与医学中心的内瑟(Randolph Nesse)教授就是代表人物。他们对精神疾病提出了一种原创解读,乍一看有些出人意料:进化精神病学认为精神疾病最初可能是一种适应。对于那些遭受过或者仍在受精神障碍折磨的人来说,这个假说可能难以理解。更何况精神疾病让人无法过上正常的生活,还会对健康、生存和生殖产生间接损害,甚至会导致自杀。那么,让人如此痛苦的精神疾病究竟能给哪些方面带来优势?

重要的遗产

首先要重申,自然选择是没有感情的,也就是说,它会促进任何能实现基因最大化传递的性状,而不考虑这些性状是否让人愉悦。当然,有时这两者是相辅相成的,如性高潮,但也有相反的情况。精神紊乱就是被选择的不愉悦性状之一。那精神疾病如何促进患者的基因传递?

我们从恐惧和焦虑说起。这些是正常和基本的情绪,存在于各个社会中。在进化过程中,恐惧与焦虑对人的适应和生存发挥了至关重要的作用,这种作用在面临危险或新环境时尤为显著。人类祖先的生活条件与现在截然不同,在过去的栖息地,危险无处不在。捕食者、各种有毒的动物和植物、敌对的帮派,时时刻刻构成威胁。除此之外,人们还要应对食物或水的短缺,以及感染传染病的风险。

恐惧和焦虑就像警报系统,其首要功能是帮助人类在面对真实或潜在威胁时保持警惕状态,并且能在遇到危险时快速准确地做出反应。上述风险往往是致命的,恐惧能让人更好地面对威胁,焦虑能让人更快地脱险,最终有利于生存。加拿大蒙特利尔大学心理健康研究所人类压力研究中心主任、神经生物学家卢比昂(Sonia Lupien)曾幽默地说,在史前时期,营地或村庄要想防止外部的袭击,应该让那些最焦虑的人来值夜班,他们极易失眠,能觉察任何风吹草动,就像一台超级监测仪。

将恐惧和焦虑类比警报系统还有一个重要原因。烟雾探测器常常会因为一些无关紧要的原因,如烤面包的气味、煎过头的牛排或是房间里的烟味而误发警报。这虽然烦人,但至少我们不会在真的起火后因为来不及逃跑而被烧死或窒息而亡。因此,为了确保在真正发生火灾时能够迅速发出警报,探测器往往设计得比较灵敏,误报于是也就常常发生。这个逻辑同样适用于人体的自然警报系统,即恐惧和焦虑:宁可虚惊一场(误报),也好过被真正的危险杀个措手不及。人体所有的防御系统都遵循这种运转逻辑,因此常常错误出击。例如,在对某种食物存疑时,防御系统会保持怀疑态度,人就会拒绝进食或吐掉食物,以此避免感染性病原体或毒素进入身体。孕妇在孕期前3个月出现恶心的原因正是如此:恶心是一种防御型性状,旨在降低胚胎在器官形成的关键阶段出现食源性感染的风险。

过度的负面情绪

既然恐惧和焦虑是一种适应,为什么它们有时会被归类为精神障碍?其实,只有极端表现才会被认定为精神障碍,如恐惧变得不合理,引发恐慌甚至变成恐惧症(phobia),严重影响日常生活。这些极端表现首先是总体人口层面的一个正常现象。当一个性状具有某个数值(如约1.75米的身高)时,我们会发现,大部分人都是这个身高,也有一些人显著高于或低于1.75米,还有更极端身高的,但比较罕见。某个性状的数值会受多个因素(包括基因)影响,最终与之相关的所有数值围绕最优值呈钟形分布。换言之,当一些数值离标准"足够远"时,我们就判断它们是反常的。联想到前面提到的烟雾探测器,市面上大多数探测器表现理想,但总有极端的,要么在房子已经烧了一大半时才响,要么邻居一做饭就发出警报。这个逻辑也适用于过度的恐惧或焦虑:这些精神疾病患者是总体人口层面上个体多样性分布本身所包含的极端值。

另一个原因是,像警觉性这样的性状,其合理反应阈值是相对的,取决于环境的危险程度。在现代社会中,人类祖先面临的危险不再那么频繁地出现,但它们并没有消失或改变性质。所以,到了今天,个体仍将与自我保护相关的情绪维持在高水平。这究竟是一种病还是一种适应?尤其是这些情绪还会带来压力、睡眠障碍和高血压等症状。目前,我们还没有明确答案。

焦虑也能救命

尽管我们不用再害怕洞穴内的狮子或狼,但现代世界并非没有危险,所以警报系统仍然需要保持运作。人在过马路或是遇到有威胁性的人或动物的时候会感到不安,还有人担心丢掉工作,或害怕在社交网络上被网暴等。其实普遍来说,有社会竞争就会有危险,而竞争是等级社会的常态。英国的研究人员证实,焦虑型人格的存活率明显高于非焦虑型人格的存活率。他们的研究随访了共4070名男性和女性。当这些研究对象处在13—16岁时,研究人员对他们人格的各个性状进行了测试,以量化焦虑程度。研究结果非常明确:25年后,统计数据显示,焦虑的人发生致命事故的次数远低于那些不焦虑的人。这证明,即使在今天,焦虑也能为个体的生存带来益处。

再来谈谈抑郁症。进化精神病学家认为它最初也是一种适应性性状。我们在第十四章会提到,一个孤立无援或处于困境中的人会表现出抑郁行为,以此向周围的人寻求安慰、同情或帮助,从而减轻这个困难时刻带来的负面影响。产后抑郁就是一个例子。一些刚成为母亲的女性会在产后的前6个月陷入抑郁状态。她们表现出对婴儿缺乏兴趣的态度,促使孩子的父亲和周围的人更多地投入对婴儿的照顾。并且抑郁症对其他家庭成员来说也是一种负担,他们出于个人利益也想尽快解决这个问题,因此会做出实质性的贡献。这种策略被某些研究人员形容为“社会性警报”,最终进一步分摊了育儿的任务。产后抑郁在现代社会更为常见,因为原子家庭(nuclear family)* 是近几个世纪才出现的新事物。更早以前,母亲总是生活在一个大家庭中,成员包括祖父母、叔叔阿姨和表亲,因此她很容易获得帮助和支持。此外,科学家发现,在那些没有受到现代生活方式影响的传统社会里,产后抑郁似乎不存在。无论如何,研究表明,当母亲处于产后抑郁状态时,父亲会更多地照顾孩子和承担家务。甚至有研究人员假设,产后抑郁在现代社会中加剧是因为女性减少了哺乳,因此没有享受到哺乳行为带来的诸多益处,尤其是对心理健康的益处。动物研究表明,哺乳可以降低母亲对压力的反应性。但引起产后抑郁的确切进化原因还需要进一步研究。

趁早放弃

抑郁症可以是一种间接要求关注的行为,我们还可以将它理解成一种行为机制,促使我们尽快放弃一个无法达成的社会目标。如果一个目标已无法实现,一意孤行的代价往往比放弃要高得多。抑郁状态能够加快放弃,这个过程被称为非自愿失败策略(involuntary defeat strategy)。尽管抑郁让人处于痛苦的状态,但在当时的情境下,它可能是最好的解决办法。从进化的角度看,成为一个战斗到底并战死沙场的英雄并不是什么好事(除非是为了保护自己的后代或促进生殖,见第八章)。人类不是唯一一个受此逻辑影响的物种,还有一些动物以不同的方式表现出这种智慧。例如,灵长类动物或狮子在争夺更高级别的地位时,落败者投降或逃跑可以降低直接死亡的风险,也能避免因持续的身体对抗而受伤或感染。

---

* 原子家庭是家庭社会学中的一个概念。这类家庭以夫妇及其未婚子女为中心,父母一般不与已婚子女一起生活。——译者

面对逃跑还是继续战斗的困境,逃跑是值得考虑的选择。丢掉一次战役好过输掉整场战争,而且落败者日后还有反败为胜的机会。从这个角度看,感受负面的抑郁情绪能和其他的保护系统(如痛觉系统)产生一样的效果,最终阻止我们做出继续伤害身体的行为。

但大家或多或少都经历过抑郁状态。它会在什么时候因为什么原因从一种适应状态变成病理状态?就像恐惧和焦虑一样,抑郁的极端表现是病理性抑郁症,又被称为重性抑郁障碍(major depressive disorder)。这是因为保护机制失去了调控,被不恰当地触发,或长期处于过度活跃状态,还有可能是非自愿失败策略启动之后无法停止。这些精神障碍不但会干扰保护机制的正常运转,还会在过度和失调的情况下产生相反的效果,降低个体生存或生殖的机会。恐慌发作可能会让个体做出对自己或对周围人有危险的行为。而当个体患有社交恐惧症时,结识伴侣和组建家庭也不是一件容易的事。精神障碍还常常是相互关联的,患有焦虑症的人会常常处于抑郁状态。这些情况还会对后代产生负面影响,除了先天倾向的遗传,父母的扭曲行为,如过度保护,也会让孩子患上恐惧症。最后,抑郁症还可能导致个体自杀。总而言之,适应性特征的极端偏差肯定是有害的。

在前面的例子中,我们主要讨论了保护性适应反应过度的情况。而它的另一个极端同样会引起问题。从统计上看,冷漠或者焦虑感太低会让个体或其后代面临严重的危险,他们无法在必要时激活内部的警报系统。上文提及的那项英国研究就是一个证明。因此,在这样一个变化的世界中,我们需要在触发警报系统的合理阈值和现实的危险之间找到一个真正的平衡。

面对现代社会环境中各种各样的新危险,部分研究人员甚至认为,与潜在的风险相比,人们的警惕性还不够高。如添加糖和精制碳水化合物这样的食物会危害健康(见第十五章),但只有少数人对此表示担心,大多数人甚至无法抵抗含有大量添加剂的食品的诱惑。过度的恐惧和警惕当然也存在,有些人就极度害怕蛇或蜘蛛,但它们现在害死人的可能性已经很低了。矛盾的是,即使根据统计数据,人类死于道路事故的风险很高,但很多人在开车时却不会感到恐惧。进化赋予人类的警惕性和新的危险之间存在错位,尽管这些新危险是真实存在的,但人的神经回路还没有完全反应过来。

心理疾病和精神障碍有很多种。除了此处提及的常见病症,如抑郁、焦虑和压力之外,还有双相情感障碍、精神分裂症、孤独症等。精神障碍的病因是如此复杂和多样,以至于我们无法提出一个统一的理论。尽管某些障碍是一定的人口规模内会出现的正常生物学现象,或者是对从前环境的适应痕迹,但必须强调的是,精神障碍患者正遭受着痛苦,医学界需要继续寻找方法来帮助他们。

第十四章

安慰剂效应：一种精神胜利?

第二次世界大战期间，在意大利前线，吗啡的库存一点点耗尽：比彻(Henry Beecher)医生只好给伤员注射生理盐水，但他随后发现，伤员术后的疼痛感得到了很好的缓解！在这种情况下，他注射的生理盐水其实就是安慰剂。这种惰性物质产生了有治疗效果的安慰剂效应(placebo effect，placebo 源自拉丁语，表示“我将安慰”)。包括外科手术在内的各个医学领域都存在这个效应。尽管医生对此都有一定了解，但安慰剂效应却是一个他们无法解释的悖论。

如果不理解一个原理，也就谈不上正确运用，而安慰剂效应的确是医学上的一个难题。

女医生的治疗更有效?

为什么安慰剂有治疗效果?

实际上，这是多种机制共同作用的结果。首先，医生给予安慰剂这个行为本身就产生了疗效。因此，给患者用药的行为是药物有效性的一部分。

患者信任医生且医生对病情感到乐观，这有助于患者痊愈。如果医生诊断你患的咽炎是良性的，你的不适感通常不会持续太久。同等条件下，对于疾病的结果，如果医生表现出令人放心的态度而不是显露出一丝担忧，患者痊愈得更快。医生的同理心本身就能产生很强的治疗效果。美国一项对150多万名住院患者的研究表明：如果是女医生实施治疗，患者的死亡率和30天后的再住院率都更低。当主治医生是男性时，患者的死亡率会上升0.42%，即在每100万名住院患者中，死亡数会增加4200人，而且这与导致住院的疾病类型或严重程度都无关。在美国，每年像这样的超额死亡人数约有3.2万人。在这项研究中，女医生平均比男医生更年轻，经验更少。因此，这种差距与医学知识的多少无关。科学家认为，原因在于女性具有更强的同理心。当医生设身处地为患者考虑时，治疗效果会更好。

痊愈是因为我们得到倾听？

除了医生，针对其他医疗行业从业人员的调查同样证实了同理心的重要性。如果仅靠开具的药物，顺势疗法并不能产生治疗效果。实际上，它只提供安慰剂，这从这些药物的制造方法上就能看出（对活性物质的连续稀释，直至其在最终的药品里近乎不存在）。采用顺势疗法的医生平均花在患者身上的时间（0.5—1小时）比全科医生的长（15分钟）。患者将此视为关心的标志，这就会产生安慰剂效应。

我们在心理治疗师或精神分析师身上也观察到了同样的现象。这两个职业从定义上看就是花时间与患者交谈。不管是否用药，医疗行业从业人员本身在帮助患者康复方面就发挥着重要的作用。

孤独有害健康

上述例子也证明了社会联系在治疗过程中的重要性。社会环境对健康的影响在老年人身上表现得尤为明显。当他们孤单一人时,更容易患上心脏疾病、出现感染症状或是更严重的认知衰退。与有人陪伴的老人相比,独居老人的死亡风险提高了26%。如果缺乏足够的人际互动,养宠物也是一种积极的办法,比如养狗可以降低老年人患心血管疾病的风险。

研究还表明,社会联系对健康的影响对任何年龄段和所有性别都成立。我们要避免被性格不好的人影响。负面的社会关系反而会提高死亡率,这在婚姻关系中体现得尤为明显。对于一个患有心力衰竭的人来说,其夫妻关系质量会影响其生存,且这种影响与病情的严重程度无关。研究也证明,伴侣之间不断出现的紧张关系有害健康。

免疫成本

要想理解安慰剂效应,免疫成本也是一个需要考虑的因素。免疫系统会在细胞库中录入每个曾试图入侵人体的病原体。当病原体再次进攻时,身体就能做出特定的反击。但免疫防御需要动用大量的能量资源。研究人员高度激活了乌鸫的免疫系统后,发现它的喙没过几天就变白了。更何况喙的颜色深度是乌鸫的一种性信号,由此我们可以意识到,免疫的成本有多么高。由于存在免疫应答,人在接种一剂疫苗后(一次相对较轻的攻击),基础代谢会提高16%,真正感染的话则提高25%—55%。因此,我们必须在饮食摄入理想的状态下接种疫苗。由于免疫的成本很高,免疫系统不能一直处于全力运转状态。当可用的资源不足时,个体对免疫系统的使用就要精打细算。并且每个人拥有的可支配资源不一样,这与其社会地位关系密切。因此社会地位对健康也有影响。

为什么社会地位会影响身体健康

免疫系统在接收到与社会地位相关的信息后,会进行相应调整。为了证明这一点,研究人员对恒河猴的社会等级进行了人为操纵。他们控制了一个恒河猴群体的构成(最晚进入群体的个体地位最低),且群体一旦形成,个体的等级就会保持稳定。研究人员从各个方面测量了群体内个体的免疫能力,然后调转个体加入顺序与等级的关系,重组了这个群体。结果表明,在食物资源和卫生条件都保持不变的情况下,在该恒河猴群体中,个体的地位会影响其免疫功能。等级发生颠倒后,那些变成统治者的个体拥有了更强大的免疫系统。原因何在?因为在自然条件下,个体地位的下降会伴随着资源的减少,从而影响免疫系统的表现。科学家通过研究人类的皮质醇,获得了相同的结论。皮质醇是一种在压力状态下让生物做好应对准备的激素。皮质醇突然升高时,血糖水平也会升高,从而使肌肉能够立即活动(如逃跑)。但皮质醇对免疫系统也有部分抑制作用,以便可用资源能在面临危险时被充分调动。

当某个社交场合给个体带来压力时,皮质醇同样会升高并导致免疫系统的效率下降。研究人员对282名多米尼加儿童和他们的家人进行了长达18年的随访,以记录他们皮质醇水平的变化。结论是,家境困难的儿童表现出更高的皮质醇水平,因此发病率更高,大脑也会受到相关影响。所以,社会关系的质量会在心血管系统、激素和免疫系统等方面影响个体的健康。

在研究过的所有具有等级制度的哺乳动物中,科学家都发现了免疫系统的社会依赖性。在这种情况下,每个个体所处的社会环境会调整其身体机能。影响社会地位的事件总是不同的,所以免疫系统在人的一生中始终处于变化状态,随社会地位的改变而做出调整,这是自然选择赋予我们的能力。安慰剂效应就是这种调整在医学环境下的体现。不过其他的一些社会环境也能产生相同的效果。

"心理除虱"

球队失利或比赛惨败后,周围人的支持至关重要,这有助于其应对失败引起的激素变化,最终重新振作。我们可以将这种支持与其他灵长类动物的除虱行为类比。

对于灵长类动物来说,除虱是被照顾的标志。除得越多意味着支持的力度越大。这种支持能帮助处于等级森严社会中的个体更好地应对磨难。这可能就是安慰剂效应的进化起源:在等级社会中,社会支持可以抵消不利事件带来的有害影响。

人类医学诞生之初也是为了舒缓不适的感觉,但它独创性地运用了药物来增强舒缓作用的生理效果。医学史见证了以下两个互补方向的一系列专业化发展。第一个是医生的社会影响:医生的重要性和其身份自带的光环不断提高其影响力,他们的社会声望也成了治疗能力的一个组成部分,就像积极的社会关系能够增强我们的健康水平。第二个方向是治疗措施:药物在改进,其他类型的干预措施(如手术)也在不断发展。社会和药物这两方面,一直以来都存在于世界各地的医疗体系中。

第十五章

什么样的食物会变成毒药

大草原上的狮子吃掉了所有能抓到的猎物。森林里的鹿啃完了所有想吃的叶子。但即便在食物充足的情况下,我们也从未在自然界中见过肥胖的狮子或超重的鹿。除非是在非常明确的过渡阶段(如土拨鼠为了过冬而储存脂肪),野生动物从来不会发胖。

肥胖流行病

在法国,16%的人患有肥胖症,其中超过40%的人患有腹型肥胖(abdominal obesity)。世界上的大多数国家都不同程度地存在这种情况。目前,全球肥胖症患者比缺乏食物的人还多。

肥胖症对健康有很大的影响,它与一系列不利于健康的因素有关,如会引起2型糖尿病和心血管疾病。近期的一项分析在汇总了百余项研究后得出结论,肥胖症不仅会增加癌症的发病率,而且会加速癌症的发展,提高相关死亡率。患肥胖症的孕妇还会影响孩子的健康:一项对近70万名女孩自出生起的随访表明,母亲超重会在多年后导致女儿多囊卵巢综合征的发病率提高50%—100%,这会给后者带来生育障碍。

很早以前研究人员就发现,遗传因素会引起代谢紊乱,导致超重和肥胖症。但现在，肥胖症已经成为一种流行病。肥胖人口的数量在第二次世界大战结束后不久就开始增加，且这种现象发展很快，仅用了两三代人的时间，这显然与遗传无关。而答案要从现代人的饮食中去寻找。而且矛盾的是，现在的食物比以前更安全了，毕竟制备、加工、冷藏和保鲜技术都有了很大的提高，避免了食物污染或诱发感染。即便如此，我们的饮食还是存在问题。原因是什么？

警惕加工食品

总体而言，加工食品会导致健康问题。一项研究表明，超加工食品（ultra-processed food，如预制菜）的摄入量增加10%，会提升10%以上的患癌风险。另一项基于4.5万人的研究表明，超加工食品的消费量增加10%时，全因死亡率（all-cause mortality）会增加14%！而在不食用任何加工食品的人群中，高血压患者的数量最低。

毫无疑问，加工食品有害健康。尽管我们还不能确切知晓每种加工方式和每种添加剂给健康造成的危害程度，但有一件事是肯定的：罪孽最深重的是"快糖"，它会导致人的血糖快速升高。

为了获得更肥的鹅肝，人们会给鹅填喂能快速升高血糖的食物，如玉米、无花果、面包糊等。那些以人类的残羹剩饭为食的野生动物，如老鼠，在近几十年都显著发胖了。

当我们的饮食不含糖但富含脂肪时，身体会发生什么变化？1928年，有两个人做过一项试验：他们只吃肉（含79%的脂类、19%的蛋白质和2%的糖类）且不限制食量，分别持续3周和13周。结果，谁都没有出现超重或肥胖的情况。美国国家科学院在1989年就证实了这一点："无论是人口内还是人口间的研究都证明，肥胖与饮食中的脂肪无关。"然而，糖业游说团队通过炮制假新闻，成功误导了全世界的人，让大家以为不断增加的体重来自脂肪的过度摄入。一个被我们当作事实的观念实际上却是错误的！但这个想法在人们心中已根深蒂固。

人体能准确调节血液中的葡萄糖浓度：胰岛素能降低血糖，也有别的激素能升高血糖。胰岛素从血液中去除的多余糖分去了哪里？它们会进入细胞，被细胞直接利用或转化为脂肪作为能量储备。但是，只要血液中有带来饱腹感的胰岛素，这类由糖转化的脂肪就不会被生物利用。因此，摄入含快糖的食物不容易产生饱腹感，且糖分还会转为脂肪储存。

快速升高血糖的食物会干扰人体对血糖的生理调节。人体长期以来适应了含糖量很低的饮食，而经常大量摄入高糖食物会扰乱血糖调节，导致胰岛素水平频繁出现峰值，从而逐渐形成胰岛素抵抗（insulin resistance），最终引发通常与肥胖相关的2型糖尿病。

在此情况下如果再摄入果糖（fructose），情况就会变得更糟糕。果葡糖浆大家都不陌生，它同时含有葡萄糖和果糖。这种从玉米中提取的物质被广泛应用于食品加工业。但它实际上是一种绝佳的增肥剂：葡萄糖引起胰岛素的分泌，后者是储存脂肪的信号并会阻止已有脂肪的消耗；果糖则被直接存储在肝脏中，刺激肝脏产生脂肪。而且，果糖会直接作用于大脑，阻止饱腹感产生，甚至还会刺激食欲，导致热量过度摄入。如今，大量的研究告诉我们，果葡糖浆的确有害健康。这种糖浆在食品中的大量应用（在20世纪70—90年代，其使用量增加超过1000%），宣告了肥胖的流行。它出现在许多食品中，苏打水、果汁、罐头食品、甜品、酸奶、谷物食品、预制菜等，人类简直无处可逃。

快糖和果糖不只会引起肥胖、2型糖尿病、蛀牙和心血管疾病。2019年发表的一项针对180万名青少年的研究表明，个体因超重和肥胖在未来数年患胰腺癌的风险会增加3.5—4倍。另一项针对3500多人的研究表明，连续4年每天饮用两罐苏打水（相当于14块方糖）会让身体加速衰老4.2年。法国一项涉及超过10万人的大型食品研究表明，每天饮用约半杯

(100毫升)含快糖的饮料(苏打水、果汁),患癌风险会提高18%,其中患乳腺癌的风险提高22%。只喝纯果汁也不是解决办法,这同样会提高患癌风险。但这个研究结果只针对饮用果汁,并不适用于食用相应的水果,因为榨取的果汁加速了水果中糖的吸收。更普遍地说,快糖被认为能引发阿尔茨海默病、高血压、近视、多种癌症、痤疮、多囊卵巢综合征和一些炎症。这份清单看似很长,但实际的影响可能更多。

既然如此,用甜味剂来代替添加糖是好办法吗?相同的甜味,却不含糖,因此也就不会让人发胖。但科学研究表明,甜味剂和糖一样,也会加剧肥胖和患2型糖尿病的风险。对此,科学家提出了几种引发机制,其中包括肠道菌群紊乱:现在可以肯定的是,许多甜味剂(阿斯巴甜、三氯蔗糖、糖精等)对人的肠道菌群是有毒的,会干扰它们的生活规律。血糖调节也会受到影响。甜味剂被大脑感知为甜味,引发了摄入糖分之后的生理反应,但我们的身体并没有得到糖分带来的能量。这种生理欺骗会对健康产生影响。因此,用甜味剂来代替添加糖确实不是好的解决方法。

为什么如今我们的饮食中有这么多糖?而且,人为什么这么喜欢糖?一般我们所说的"糖"实际上是蔗糖(saccharose),它来自甘蔗或甜菜。这种分子由葡萄糖和果糖两种单糖构成。这三种糖就是水果所含的主要糖类(当然还有很多其他的糖)。不同种类的灵长类动物鉴别和品尝糖的能力也不一样,这取决于它们饮食中水果的量。对于人类来说,糖在很长一段时间里都是一种稀有但能带来巨大能量的食物。它主要存在于水果和蜂蜜中,且具有季节性。于是,品尝糖这样弥足珍贵的食物可以带来味觉上的享受:没有味觉上的享受,就不会去寻找并食用。由于糖的高能量值,自然选择在人类味觉享受和更强的"探糖"能力之间建立起了联系。不过在初期,这种选择的主要目标是果糖,它的甜味比葡萄糖或蔗糖都强。

如今,蔗糖是西方人饮食的重要组成部分。但这种现象其实直到近期才在欧洲出现，这是因为，源自中东的蔗糖长期以来一直是一种昂贵的药剂，另一种来自安的列斯群岛种植园的甘蔗则是奢侈“香料”。到了19世纪，甜菜的广泛种植成为转折点：糖的价格下降，消费量上升。在19世纪中叶，法国年人均糖消费量为2千克。法国历史学家德鲁阿尔(Alain Drouard)写道：

> 对于大部分人口来说[主要是农村人口]，饮食自旧制度以来几乎没有改变[……]第二次世界大战之后，随着农村人口外流和工业化，决定性的改变发生了。饮食在20世纪50年代逐渐发生转变。

目前，法国年人均糖消费量为25—35千克，是一个世纪前的10—15倍，这是前所未有的，相当于每天食用70克糖，即12块方糖。但糖都藏在什么地方？你可以在那些自行添加糖的食物或饮料中找到它们，如咖啡、茶、酸奶、草莓、水果沙拉等，此外还有在制造过程中就添加了糖的食物或饮料，包括很多酸奶、果泥或果汁，还有那些通常自带大量糖分的食物或饮料，如甜品、糕点、蜜饯、糖果、苏打水等。一罐苏打水的含糖量相当于6块方糖。但这些糖不仅含有添加糖，而且含有精制碳水化合物。像淀粉这样的碳水化合物是由葡萄糖和其他单糖组合构成的复杂分子。如果未经精加工，碳水化合物天然地与纤维混合在一起，因此在人体中代谢缓慢，葡萄糖是被慢慢地释放到血液中的，不会引起高血糖。精加工的过程去除了纤维和其他结构，将淀粉变成了快糖。所有使用精制面粉的食品，如大部分的面包、甜点和意大利面等，都会引起高胰岛素血症(hyperinsulinemia)，并且它们和添加糖一样，也会导致肥胖症及由高胰岛素血症引起的并发症。

现代饮食中过量的添加糖和精制碳水化合物很成问题。在过去，为了高效地找到糖这种稀有且能带来能量的食物，自然选择让我们发展出了与糖相关的味觉享受。但现在,这种味觉享受已经变成一个"达尔文陷阱",致使人们摄入太多含糖食物,损害健康。背后的原因有很多,其中,食品公司难辞其咎。法国食品历史学家布当(Christian Boudan)曾明确说过:"独立科学家在20世纪60年代末期论证了过度摄入糖对健康的危害,但其最终证明的是食品工业的利益与公共卫生政策的利益无法兼容。"利益分歧和突然性也说明了糖对健康的影响是比较大的。

添加糖和精制碳水化合物仍然是相关健康问题的元凶,但糟糕的是,它们不是唯一的"罪犯"。还有约350种化学物质被用作添加剂,以改进食品的味道、适口性、外观、颜色、质地或是延长其保质期。其中多种添加剂对健康有害,如上文提到的甜味剂。再举几个例子。第一个是二氧化钛(E171),这种着色剂被广泛应用于香草、酸醋调味汁和鱼糜制品,它可以增加糖果光泽,延长巧克力的保质期。然而其含有能进入血液循环并破坏免疫系统的微粒。因此,该添加剂目前被列入致癌物清单,它的致癌性在动物实验中得到确认。自2020年1月1日起,法国禁止在食品中添加二氧化钛,但它作为赋形剂仍出现在牙膏和许多药品中。法国近4000种药品里都含有二氧化钛。第二个例子是谷氨酸(E621),这种食品添加剂是一种增味剂,能让人上瘾,刺激人们食用更多含有谷氨酸的食物,最终出现肥胖。很多加工食品里都有谷氨酸,如浓汤、真空包装的熟食、某些酱汁、调味薯片等。最后一个是羧甲基纤维素钠(E466),这是一种加工乳制品中常见的合成乳化剂,奶制品类甜点中经常会用到。根据法国国家健康与医学研究院(INSERM)2021年的一项研究,E466能直接影响肠道菌群,导致慢性炎症出现。还要强调的是,添加剂往往会叠加使用,如超市里卖的软面包最多可含有18种添加剂,其中一些添加剂疑似能诱发小鼠直肠癌。

添加剂滥用的结果就是,很大一部分医疗资源都被用来治疗加工食品直接或间接带来的伤害。一旦排除事故、分娩、传染病、罕见遗传病和烟草相关疾病的就医，医院里剩下的资源似乎就是为“吃坏了”的患者服务了。这种医疗资源的倾斜也解释了为什么在糖尿病和其他心血管疾病患者增多的情况下，人类的预期寿命并没有下降。

50年来，以冠状动脉搭桥术、支架和二甲双胍为代表的医学创新改善了相关疾病的治疗，从而抵消了不健康食品造成的影响。

但仅靠医疗手段进步不足以对抗加工食品带来的影响。首先是治疗费用的问题。在某些国家，由于缺乏平等就医的条件，治疗费用报销的比例很低或完全不报销，医学创新无法公平地惠及所有人。在美国，人们的预期寿命开始下降，这种趋势在那些受不健康食品影响较深的地区尤其明显。这种情况还可能随着人口的世代更替变得更糟。目前的这代老年人在加工食品大量出现之前就已成年，因此他们童年时期的饮食状况较好，一定程度上促成了老年后依旧良好的健康状况。但20世纪70年代后出生的人，可能从小深受加工食品的影响。不知道这批人变老时是否也能拥有和当代老年人一样健康的身体。

之后该怎么办？也许会出现能消除加工食品危害的基因，它们将通过自然选择实现传递。虽然我们很难做出具体预测，但这类基因应该能够减少高血糖反复出现带来的影响，或是能在胰岛素存在的情况下促进脂肪的利用。但是，只有经过很多代人（数十或数百代），基因对整个人口的影响才会显现。届时，加工食品也不再是“垃圾食品”了，因为人们已经在基因上做出了相应的调整。但这种进化的前提是自然选择会发挥它的筛选作用，即无法适应新饮食的个体减少生殖。我们还要在制度上做出回应，如颁布法律禁止推销含添加糖的食品，禁止相关广告、下架商店的糖果及自动售货机里的苏打水；或者通过立法减少甚至禁止食品公司使用添加糖、甜味剂及所有可能影响人体健康的添加剂。

有毒食物悖论未来将如何解决，让我们拭目以待。

参考文献

第一章 为什么动物没有长出轮子

• ALIBERT P., « Les contraintes », dans THOMAS F., LEFEVRE T. et RAYMOND M., *Biologie évolutive*, Louvain-la-Neuve, De Boeck, 2010, p. 491–512.

• ANDRÉ J.-B. « Conflits génétiques : l'exemple dans l'espèce humaine », dans THOMAS F., LEFEVRE T. et RAYMOND M., *Santé, médecine de l'évolution : une introduction*, Bruxelles, De Boeck-Solal, 2013, p. 125–162.

• BENTON M. J., *Vertebrate palaeontology*, Londres, Harper Collins Academic, 1990.

• BERTICAT C., DURON O., HEYSE D. et RAYMOND M., « *Insecticide resistance genes confer a predation cost on mosquitoes*, Culex pipiens », *Genetical Research*, vol. 83, 2004, p. 189–196.

• BOURGUET D., GUILLEMAUD T., CHEVILLON C. et RAYMOND M., « *Fitness costs of insecticide resistance in natural breeding sites of the mosquito* Culex pipiens », *Evolution*, vol. 58, 2004, p. 128–135.

• CHARMANTIER A., DOUTRELANT C., DUBUC-MESSIER G., FARGEVIEILLE E. et SZULKIN M., « *Mediterranean blue tits as a case study of local adaptation* », *Evolutionary Applications*, 2015.

• DIAMOND J., « *The biology of the wheel* », *Nature*, vol. 302, 1983, p. 572–573.

• DIAS P. C., « *Sources and sinks in population biology* », *Trends in Ecology and Evolution*, vol. 11, 1996, p. 326–330.

• DIAS P. C. et BLONDEL J., « *Local specialization and maladaptation in Mediterranean blue tits Parus caeruleus* », *Oecologia*, vol. 107, 1996, p. 79–86.

• LABARBERA M., « *Why the wheels won't go* », *American Naturalist*, vol. 121, 1983, p. 395–408.

• MAITLAND D. P., « *Wheels and wheel-like locomotion in nature* », *South African Journal of Sciences*, vol. 87, 1991, p. 85–86.

• MURATA M., « *On the flying behavior of neon flying squid Ommastrephes bartrami observed in the central and northwestern North Pacific* », *Nippon Suisan Gakkaishi*, vol. 54, 1988, p. 1167–1174.

• PATTERSON C., « *An overview of the early fossil record of Acanthomorphs* », *Bulletin of Marine Science*, vol. 52, 1993, p. 29–59.

• RAYMOND M., *Pourquoi je n'ai pas inventé la roue*, Paris, Odile Jacob, 2012.

• REEVE H. K. et SHERMAN P. W., « *Adaptation and the goal of evolutionary research* », *The Quaterly Review of Biology*, vol. 68, 1993, p. 1–32.

• WILKENS H., « *Variability and loss of functionless traits in cave animals. Reply to Jeffery (2010)* », *Heredity*, vol. 106, 2011, p. 707–708.

第二章　有性生殖意义何在

• ARAKAWA A. *et al.*, « *Vaginal Transmission of Cancer from Mothers with Cervical Cancer to Infants* », *New England Journal of Medicine*, 2021.

• AULD S. K. J. R., TINKLER S. K. et TINSLEY M. C., « *Sex as a strategy against rapidly evolving parasites* », *Proceedings of the Royal Society B: Biological Sciences*, vol. 283, n° 1845, 2016.

• BELL G., *The Masterpiece of Nature: The Evolution and Genetics of Sexuality*, Berkeley, University of California Press, 1982.

• BURT A., « *Perspective: sex, recombination, and the efficacy of selection was Weismann right?* », *Evolution*, vol. 54, 2000, p. 337–351.

• COLEGRAVE N., « *The evolutionary success of sex. Science & Society Series on Sex and Science* », *EMBO Reports*, vol. 13, n° 9, 2012, p. 774–778.

• D'SOUZA T. G. et MICHIELS N. K., « *The costs and benefits of occasional Sex: theoretical predictions and a case study* », *Journal of Heredity*, vol. 101, 2010, S34–S41.

• DECAESTECKER E. *et al.*, « *Host-parasite "Red Queen" dynamics archived in pond sediment* », *Nature*, vol. 450, 2007, p. 870.

• GOUYON P.-H., DE VIENNE D. et GIRAUD T., « *Sex and evolution* », dans *Handbook of Evolutionary Thinking in the Sciences*, 2015.

• GOUYON P.-H., HENRY J.-P. et ARNOULD J., *Les avatars du gène. La théorie néodarwinienne de l'évolution*, Paris, Belin, 1997.

• GOUYON P.-H., « *Sex: a pluralist approach includes species selection. (One step beyond and it's good)* », *J. Evol. Biol.*, vol. 12, 1999, p. 1029–1030.

• HAMILTON W. D., AXELROD R. et TANESE R., « *Sexual reproduction as an adaptation to resist parasites (a review)* », *PNAS*, vol. 87, 1990, p. 3566–3573.

• HARTFIELD M. et KEIGHTLEY P. D., « *Current hypotheses for the evolution of sex and recombination* », *Integrative zoology*, vol. 7, n° 2, 2012, p. 192–209.

• HICKEY D. A., « *Selfish DNA: a sexually-transmitted nuclear parasite* », *Genetics*, vol. 101, 1982, p. 519–531.

• HICKEY D. A., « *Molecular symbionts and the evolution of sex* », *Journal of Heredity*, 1993.

• HURST L. D. et PECK J. R., « *Recent advances in understanding of the evolution and maintenance of sex* », *Trends Ecol. Evol.*, vol. 11, 1996, p. 46–52.

• JOKELA J., DYBDAHL MARK F. et LIVELY CURTIS M., « *The maintenance of sex, clonal dynamics, and host-parasite coevolution in a mixed population of sexual and asexual snails* », *The American Naturalist*, vol. 174, 2009, S43–S53.

• LEHTONEN J., JENNIONS M. D. et KOKKO H., « *The many costs of sex* », *Trends in Ecology & Evolution*, vol. 27, n° 3, 2012, p. 172–178.

• LEU J. Y. *et al.*, « *Sex alters molecular evolution in diploid experimental populations of S. cerevisiae* », *Nature Ecology and Evolution*, 2020.

• LIVELY C. M., « *A review of Red Queen models for the persistence of obligate sexual reproduction* », *J. Hered.*, vol. 101, 2010, S13–S20.

• MAYNARD SMITH L., *The evolution of sex*, Cambridge, Cambridge University Press, 1978.

• MORRAN L. T. *et al.*, « *Running with the Red Queen: Host-parasite coevolution selects for biparental sex* », *Science*, 2011.

• MULLER H. J., « *Some genetic aspects of sex* », *Am. Nat.*, vol. 8, 1932, p. 118–138.

• NUNNEY L., « *The maintenance of sex by groupe selection* », *Evolution*, vol. 43, 1989, p. 245–257.

• OTTO S. P., « *The evolutionary enigma of sex* », *Am. Nat.*, vol. 174, 2009, S1–S14.

• OTTO S. P. et LENORMAND T., « *Resolving the paradox of sex and recombination* », *Nat. Rev. Genet.*, vol. 3, 2002, p. 252–261.

• OTTO S. P., « *The evolutionary enigma of sex* », *Am. Nat.*, vol. 174, 2009, S1–S14.

• ROUGHGARDEN J., « *The evolution of sex* », *The American Naturalist*, 1991.

• STEARNS S. C., *The evolution of sex and its consequences*, Basel, Boston, Birkhäuser Verlag, 1987.

• THOMAS F. *et al.*, « *Transmissible cancer and the evolution of sex* », *PLoS Biology*, 2019.

• VERGARA D., JOKELA J. et LIVELY C. M., « *Infection dynamics in coexisting sexual and asexual host populations: support for the Red Queen hypothesis* », *The American Naturalist*, vol. 184, 2014, S22–S30.

• WELCH D. M. et MESELSON M., « *Evidence for the evolution of bdelloid rotifers without sexual reproduction or genetic exchange* », *Science*, vol. 288, 2020, p. 1211–1215.

第三章　雄性动物的花哨外表是为了好看吗

• ANDERSSON M., « *Female choice selects for extreme tail length in a widowbird* », *Nature*, vol. 299, 1982, p. 818–820.

• ANDERSSON M., *Sexual Selection*, Princeton, Princeton University Press, 1994.

• ANDERSSON M. *et al.*, « *Sexual Cooperation and Conflict in Butterflies: A Male-Transferred Anti-Aphrodisiac Reduces Harassment of Recently Mated Females* », *Proceedings of the Royal Society of London* (*B*), vol. 267, 2000, p. 1271–1275.

• BAKER R. et BELLIS M. A., « *"Kamikaze" sperm in mammals?* », *Animal Behaviour*, vol. 36, 1988, p. 936–939.

• BAKER R. R. et BELLIS M. A., *Human sperm competition: Copulation, masturbation and infidelity*, Londres, Chapman and Hall, 1995.

• BERNASCONI G. et HELLRIEGEL B., « *Sperm survival in the female reproductive tract in the fly* Scathophaga stercoraria (L.) », *Journal of Insect Physiology*, vol. 48, 2002, p. 197–203.

• BAUMANN H., « *Biological effects of paragonial substances PS-1and PS-2, in females of* Drosophila funebris », *J. Insect Physiol.*, vol. 20, 1974, p. 2347–2362.

• BIRKHEAD T. R. et PIZZARI T., « *Postcopulatory sexual selection* », *Nature Reviews Genetics*, 2002.

• BOVET J., « *Evolutionary Theories and Men's Preferences for Women's Waist-to-Hip Ratio: Which Hypotheses Remain? A Systematic Review* », *Front. Psychol*, 2019.

• BUCKLAND-NICKS J., « *Prosobranch parasperm: Sterile germ cells that promote paternity?* », *Micron*, 1998.

• CÉZILLY F. et ALLAINÉ D., « La sélection sexuelle », dans THOMAS F., LEFÈVRE T. et RAYMOND M., *Biologie évolutive*, De Boeck, 2010, p. 387–422.

• CLUTTON-BROCK T., « *Sexual selection in males and females* », *Science*, 2007.

• CORDOBA-AGUILAR A., « *Male copulatory sensory stimulation induces female ejection of rival sperm in a damselfly* », *Proceedings of the royal society of London B*, vol. 266, 1999, p. 779–784.

• DAVIES N. B., « *Polyandry, cloaca-pecking and sperm competition in dunnocks* », *Nature*, 1983.

• DAVIES N. B., « *Dunnock behaviour and social evolution* », *Dunnock behaviour and social evolution*, 1992.

• DELBARCO-TRILLO J. et FERKIN M. H., « *Male mammals respond to a risk of sperm competition conveyed by odours of conspecific males* », *Nature*, 2004.

• EDWARD D. A., STOCKLEY P. et HOSKEN D. J., « *Sexual conflict and sperm competition* », *Cold Spring Harbor Perspectives in Biology*, 2015.

• FISHER R. A., « *Sexual reproduction and sexual selection* », dans *The genetical theory of natural selection*, New York, Dover Publications, 1958, p. 135–162.

• FULLER R. C., HOULE D. et TRAVIS J., « *Sensory bias as an explanation for the evolution of mate preferences* », *The American Naturalist*, 2005.

• GALLUP G. G. *et al.*, « *The human penis as a semen displacement device* », *Evolution and Human Behavior*, vol. 24, 2003, p. 277–289.

• GALLUP G. G. et BURCH R. L., « *Semen Displacement as a Sperm Competition Strategy in Humans* », *Evolutionary Psychology*, vol. 2, 2004, p. 12–23.

• HAMILTON W. D. et ZUK M., « *Heritable true fitness and bright birds: a role for parasites? A role for parasites?* », *Science*, vol. 218, 1982, p. 384–387.

• HOGLUND J. et ALATALO R. V., *Leks*, Princeton, Princeton University Press, 1995.

• HOSKEN D. J. et TAYLOR M. L., « *Attractive males have greater success in sperm competition* », *Current Biology*, vol. 18, n° 18, 2008, p. R553–R554.

• KOTIAHO J. S., SIMMONS L. W. et TOMKINS J. L., « *Towards a resolution of the lek paradox* », *Nature*, 2001.

• MAYS H. et HILL G. E., « *Choosing mates: good genes versus genes that are a good fit* », *Trends in Ecology and Evolution*, vol. 19, 2004, p. 554–559.

• MØLLER A. P. *et al.*, « *Sexual selection and tail streamers in the barn swallow* », *Proceedings of the Royal Society B: Biological Sciences*, 1998.

• MØLLER A. P. et BIRKHEAD T. R., « *Frequent Copulations and Mate Guarding as Alternative Paternity Guards in Birds: A Comparative Study* », *Behaviour*, 1991.

• MOORE H. D. M., MARTIN M. et BIRKHEAD T. R., « *No evidence for killer sperm or other selective interactions between human spermatozoa in ejaculates of different males in vitro* », *Proceedings of the Royal Society of London B*, vol. 266, 1999, p. 343–350.

• PARKER G. A., « *Sperm Competition and Its Evolutionary Consequences in the Insects* », *Biological Reviews*, vol. 45, n° 4, 1970, p. 525–567.

• RODD F. H., HUGHES K. A., GRETHER G. F. et BARIL C. T., « *A possible non-sexual origin of mate preference: Are male guppies mimicking fruit?* », *Proceedings of the Royal Society B: Biological Sciences*, 2002.

• RYAN M. J., « *Sexual selection, receiver biases, and the evolution of sex differences* », *Science*, 1998.

• TAKEGAKI *et al.*, « *Evidence of sperm removal behaviour in an externally fertilizing species and compensatory behaviour for the risk of self-sperm removal* », *Proceeding Royal Society of London*, 2020.

• TELFORD S. R. et JENNIONS M. D., « *Establishing cryptic female choice in animals* », *Trends in Ecology & Evolution*, 1998.

• VAHED K., « *The function of nuptial feeding in insects: a review of empirical studies* », *Biological Reviews of the Cambridge Philosophical Society*, vol. 73, 1998, p. 43–78.

• WAAGE J. K., « *Dual function of the damselfly penis: Sperm removal and transfer* », *Science*, 1979.

• WEATHERHEAD P. J. et ROBERTSON R. J., « *Offspring Quality and the Polygyny Threshold: "The Sexy Son Hypothesis"* », *The American Naturalist*, 1979.

• WIGBY S. et CHAPMAN T., « *Sperm competition* », *Current Biology*, vol. 14, 2004, p. R100–R103.

• ZAHAVI A., « *Mate selection: a selection for a handicap* », *Journal of Theoretical Biology*, vol. 53, 1975, p. 205–214.

第四章　捕食者一定是好猎手吗

• ABRAMS P. A., « *Adaptive Responses of Predators to Prey and Prey to Predators : The Failure of the Arms-Race Analogy* », *Evolution*, 1986.

• ABRAMS P. A., « *The evolution of rates of successful and unsuccessful predation* », *Evolutionary Ecology*, 1989.

• BASTOS D. A. *et al.*, « *Social predation in electric eels* », *Ecology and Evolution*, 2021.

• BEAUCHAMP G., *Social Predation: How Group Living Benefits Predators and Prey*, Academic Press, 2014.

• BRANDLEY N., JOHNSON M. et JOHNSEN S., « *Aposematic signals in North American black widows are more conspicuous to predators than to prey* », *Behavioral Ecology*, 2016.

• BROOKER R. M. *et al.*, « *Domestication via the commensal pathway in a fish-invertebrate mutualism* », *Nature Communications*, 2020.

• CANESTRARI D. *et al.*, « *From parasitism to mutualism: Unexpected interactions between a cuckoo and its host* », *Science*, 2014.

• CARO T. M., « *The functions of stotting in Thomson's gazelles: some tests of the predictions* », *Animal Behaviour*, 1986.

• CARO T. M., « *The functions of stotting: a review of the hypotheses* », *Animal Behaviour*, 1986.

• CASSILL D. L., VO K. et BECKER B., « *Young fire ant workers feign death and survive aggressive neighbors* », *Naturwissenschaften*, 2008.

• ČERVENÝ J. *et al.*, « *Directional preference may enhance hunting accuracy in foraging foxes* », *Biology Letters*, 2011.

• COOPER W. E., PÉREZ-MELLADO V. et VITT L. J., « *Ease and effectiveness of costly autotomy vary with predation intensity among lizard populations* », *Journal of Zoology*, 2004.

• CORCORAN A. J. et CONNER W. E., « *Bats jamming bats: Food competition through sonar interference* », *Science*, 2014.

• DALZIELL *et al.*, « *Male lyrebirds create a complex acoustic illusion of a mobbing flock during courtship and copulation* », *Current Biology*, 2014.

• DAWKINS R. et KREBS J. R., « *Arms races between and within species* », *Proceedings of the Royal Society of London-Biological Sciences*, 1979.

• DAYTON P. K., ROSENTHAL R. J., MAHEN L. C. et ANTEZANA T., « *Population structure and foraging biology of the predaceous chilean asteroid Meyenaster gelatinosus and the escape biology of its prey* », *Marine Biology*, 1977.

• DHEILLY N. M. *et al.*, « *Who is the puppet master? Replication of a parasitic wasp-associated virus correlates with host behaviour manipulation* », *Proceedings of the Royal

Society B: Biological Sciences, 2015.

• DIXON P. M., ELLISON A. M. et GOTELLI N. J., « *Improving the precision of estimates of the frequency of rare events* », *Ecology*, 2005.

• GOULART V. D. L. R. et YOUNG R. J., « *Selfish behaviour as an antipredator response in schooling fish?* », *Animal Behaviour*, 2013.

• GEIPEL I. *et al.*, « *Bats Actively Use Leaves as Specular Reflectors to Detect Acoustically Camouflaged Prey* », *Current biology*, 2019.

• GREEN A. J. et SÁNCHEZ M. I., « *Passive internal dispersal of insect larvae by migratory birds* », *Biology Letters*, 2006.

• GREEN A. J. *et al.*, « *Dispersal of invasive and native brine shrimps* Artemia (*Anostraca*) *via waterbirds* », *Limnology and Oceanography*, 2005.

• HANSEN L. S., GONZALES S. F., TOFT S. et BILDE T., « *Thanatosis as an adaptive male mating strategy in the nuptial gift-giving spider Pisaura mirabilis* », *Behavioral Ecology*, 2008.

• HETEM R. S. *et al.*, « *Cheetah do not abandon hunts because they overheat* », *Biology Letters*, 2013.

• HOJO M. K., PIERCE N. E. et TSUJI K., « *Lycaenid Caterpillar Secretions Manipulate Attendant Ant Behavior* », *Current Biology*, 2015.

• HUMPHREYS R. K. et RUXTON G. D., « *The dicey dinner dilemma: Asymmetry in predator-prey risk-taking, a broadly applicable alternative to the life-dinner principle* », *Journal of Evolutionary Biology*, 2020.

• HUVENEERS C. *et al.*, « *White sharks exploit the sun during predatory approaches* », *The American Naturalist*, 2015.

• KANE S. A. et ZAMANI M., « *Falcons pursue prey using visual motion cues: New perspectives from animal-borne cameras* », *Journal of Experimental Biology*, 2014.

• LANG S. D. J. et FARINE D. R., « *A multidimensional framework for studying social predation strategies* », *Nature Ecology and Evolution*, 2017.

• LEHMANN K. D. S. *et al.*, « *Lions, hyenas and mobs* (*Oh my!*) », *Current Zoology*, 2017.

• MØLLER A. P., « *Parental Defence of Offspring in the Bam Swallow* », *Bird Behavior*, vol. 5, 1984, p. 110–117.

• MØLLER A. P., « *False Alarm Calls as a Means of Resource Usurpation in the Great Tit* Parus major », *Ethology*, vol. 79, 1988, p. 25–30.

• MØLLER A. P., NIELSEN J. T. et ERRITZØE J., « *Losing the last feather: Feather loss as an antipredator adaptation in birds* », *Behavioral Ecology*, 2006.

• MØLLER A. P. et ERRITZØE J., « *Brain size, hunting and the risk of getting shot: A reply to Zink & Stuber* », 2017.

• MØLLER A. P., FLENSTED-JENSEN E. et LIANG W., « *Behavioral snake mimicry in breeding tits* », *Current Zoology*, 2020, p. 1–7.

• MUKHERJEE S. et HEITHAUS M. R., « *Dangerous prey and daring predators: A review* », *Biological Reviews*, 2013.

• NAGATA T. *et al.*, « *Depth perception from image defocus in a jumping spider* », *Science*, 2012.

• PACKER C., SCHEEL D. et PUSEY A. E., « *Why lions form groups: food is not enough* », *The American Naturalist*, 1990.

• PEREIRA C. G. *et al.*, « *Underground leaves of philcoxia trap and digest nematodes* », *Proceedings of the National Academy of Sciences of the United States of America*, 2012.

• PIKA S. *et al.*, « *Wild chimpanzees* (Pan troglodytes troglodytes) *exploit tortoises* (Kinixys erosa) *via percussive technology* », *Scientific Reports*, 2019.

• PONTON F. *et al.*, « *Parasitology: Parasite survives predation on its host* », *Nature*, 2006.

• PONTON F. *et al.*, « *Hairworm anti-predator strategy: A study of causes and consequences* », *Parasitology*, 2006.

• PRUETZ J. D. *et al.*, « *New evidence on the tool-assisted hunting exhibited by chimpanzees* (Pan troglodytes verus) *in a savannah habitat at Fongoli, Sénégal* », *Royal Society Open Science*, 2015.

• RADFORD C. *et al.*, « *Artificial eyespots on cattle reduce predation by large carnivores* », *Communications Biology*, 2020.

• ROGERS S. M. et SIMPSON S. J., « *Thanatosis* », *Current Biology*, 2014.

• SALLES A., DIEBOLD C. A. et MOSS C. F., « *Echolocating bats accumulate information from acoustic snapshots to predict auditory object motion* », *Proceedings of the National Academy of Sciences of the United States of America*, 2020.

• SAMPAIO E., SECO M. C., ROSA R. et GINGINS S., « *Octopuses punch fishes during collaborative interspecific hunting events* », *Ecology*, 2020.

• SENDOVA-FRANKS A. B., WORLEY A. et FRANKS N. R., « *Post-contact immobility and half-lives that save lives* », *Proceedings of the Royal Society B: Biological Sciences*, 2020.

• SHERMAN P. W., « *Nepotism and evolution of alarm calls* », *Science*, vol. 197, 1977, p. 1246–1253.

• SILVA G. G. *et al.*, « *Killifish eggs can disperse via gut passage through waterfowl* », *Ecology*, 2019.

• SOLIS J. C. et DE LOPE F., « *Nest and Egg Crypsis in the Ground-Nesting Stone Curlew* Burhinus oedicnemus », *Journal of Avian Biology*, 1995.

• VAUGHAN E. R. *et al.*, « *A remarkable example of suspected Batesian mimicry of Gaboon Vipers* (Reptilia: Viperidae: Bitis gabonica) *by Congolese Giant Toads* (Amphibia: Bufonidae: Sclerophrys channingi) », *Journal of Natural History*, 2019.

• VERMEIJ C. J., *Evolution and Escalation: an ecological history of life*, Princeton University Press, 1987.

• VERMEIJ G. J., « *Unsuccessful predation and evolution* », *The American Naturalist*, 1982.

• WEINSTEIN S. B. *et al.*, « *The secret social lives of African crested rats,* Lophiomys imhausi », *Journal of Mammalogy*, 2020.

• WIGNALL A. E., JACKSON R. R., WILCOX R. S. et TAYLOR P. W., « *Exploitation of environmental noise by an araneophagic assassin bug* », *Animal Behaviour*, 2011.

• WILD S., HOPPITT W. J. E., ALLEN S. J. et KRÜTZEN M., « *Integrating Genetic, Environmental, and Social Networks to Reveal Transmission Pathways of a Dolphin Foraging Innovation* », *Current Biology*, 2020.

• WHITEHEAD H., SMITH T. D. et RENDELL L., « *Adaptation of sperm whales toopen-boat whalers: rapid social learning on alarge scale?* », *Biol. Lett.*, vol. 17, 2021, 20210030.

• ZHIYUAN S. *et al.*, « *Drinkwater, and View ORCID ProfileMarc W. Holderied. Biomechanics of a moth scale at ultrasonic frequencies* », *PNAS*, vol. 115, n° 48, 2018, p. 12200–12205.

第五章 进化为何没有淘汰癌症

• ABEGGLEN M. M. *et al.*, « *Potential Mechanisms for Cancer Resistance in Elephants and Comparative Cellular Response to DNA Damage in Humans* », *JAMA*, vol. 314, p. 1850, 2015.

• ALBANES D., « *Height, early energy intake, and cancer* », *BMJ*, vol. 317, 1998, p. 1331–1332.

• BOURNEUF E., « *The MeLiM Minipig: An original spontaneous model to explore cutaneous melanoma genetic basis* », *Frontiers in Genetics*, vol. 8, 2017, p. 146.

• CAULIN A. F. *et al.*, « *Solutions to Peto's paradox revealed by mathematical modelling and cross-species cancer gene analysis* », *Philos. Trans. R. Soc. Lond. B Biol. Sci.*, vol. 370, 2015.

• CAULIN A. F. et MALEY C. C., « *Peto's Paradox: Evolution's prescription for cancer prevention* », *Trends in Ecology and Evolution*, vol. 26, 2011, p. 175–182.

• DIXON-SUEN S. C. *et al.*, « *Adult height is associated with increased risk of ovarian cancer: a Mendelian randomisation study* », *British Journal of Cancer*, 2018.

• DRISCOLL C. A., MACDONALD D. W. et BRIEN S. J., « *From wild animals to domestic pets, an evolutionary view of domestication* », *Proceedings of the National Academy of Sciences*, vol. 106, 2009, p. 9971.

• ENRIQUEZ-NAVAS P. M., WOJTKOWIAK J. W. et GATENBY R. A., « *Application of evolutionary principles to cancer therapy* », *Cancer Research*, 2015.

• GATENBY R. A., « *A change of strategy in the war on cancer* », *Nature*, 2009.

• GATENBY R. A., SILVA A. S., GILLIES R. J. et FRIEDEN B. R., « *Adaptive therapy* », *Cancer Research*, 2009.

• GLAZKO V., ZYBAYLOV B. et GLAZKO T., « *Domestication and genome evolution* », *International Journal of Genetics and Genomics*, vol. 2, 2014, p. 47–56.

• HANSEN E. et READ A. F., « *Cancer therapy: Attempt cure or manage drug resistance?* », *Evolutionary Applications*, 2020.

• JENNINGS J. et SANG Y., « *Porcine interferon complex and co-evolution with increasing viral pressure after domestication* », *Viruses*, vol. 11, 2019, p. 555.

• KROENKE C. H. *et al.*, « *Analysis of body mass index and mortality in patients with colorectal cancer using causal diagrams* », *JAMA Oncology*, vol. 2, 2016, p. 1137–1145.

• LARSON G. et FULLER D. Q., « *The Evolution of Animal Domestication* », *Annual Review of Ecology, Evolution, and Systematics*, vol. 45, 2014, p. 115–136.

• LICHTENSTEIN A. V., « *On evolutionary origin of cancer* », *Cancer Cell International*, 2005.

• MALEY C., « *The evolutionary foundations of cancer research* », dans MALEY C. et GREAVES M., *Frontiers in Cancer Research*, Springer-Verlag New York, 2016.

• NAGY J. D., VICTOR E. M. et CROPPER J. H., « *Why don't all whales have cancer? A novel hypothesis resolving Peto's paradox* », *Integrative and Comparative Biology*, 2007.

• NUNNEY L., « *The real war on cancer: The evolutionary dynamics of cancer suppression* », *Evolutionary Applications*, 2013.

• ONG J. S. *et al.*, « *Height and overall cancer risk and mortality: evidence from a Mendelian randomisation study on 310,000 UK Biobank participants* », *British Journal of Cancer*, 2018.

• ROCHE-LESTIENNE C. *et al.*, « *A mutation conferring resistance to imatinib at the time of diagnosis of chronic myelogenous leukemia* », *N. Engl. J. Med.*, vol. 348, 2003, p. 2265–2266.

• STRATTON M. R., CAMPBELL P. J. et FUTREAL P. A., « *The cancer genome* », *Nature*, 2009.

• TIAN X. *et al.*, « *High-molecular-mass hyaluronan mediates the cancer resistance of the naked mole rat* », *Nature*, vol. 499, 2013, p. 346–349.

• TOLLIS A. M., BODDY A. M. et MALEY C. C., « *Peto's Paradox: How has evolution solved the problem of cancer prevention?* », *BMC Biology*, vol. 15, 2017.

• UKRAINTSEVA S. V. et YASHIN A. I., « *Individual aging and cancer risk: how are they related?* », *Demographic Research*, vol. 9, 2003, p. 163–196.

第六章　更年期真的有必要存在吗

• AIMÉ C., ANDRÉ J.-B. et RAYMOND M., « *Grandmothering and cognitive resources are required for the emergence of menopause and extensive post-reproductive lifespan* », *PLoS Computational Biology*, vol. 13, 2017, e1005631.

• BOVET J. *et al.*, « *Women's attractiveness is linked to expected age at menopause* », *Journal of Evolutionary Biology*, vol. 31, 2018, p. 229–238.

• CANT M. A. et JOHNSTONE R. A., « *Reproductive conflict and the separation of reproductive generations in humans* », *PNAS*, vol. 105, 2008, p. 5332–5336.

• GURVEN M. et KAPLAN H., « *Longevity among hunter-gatherers: a cross-culturale xamination* », *Popul Dev rev.*, vol. 9, n° 33, 2007, p. 321–365.

• HAWKES K., « *Grandmothers and the Evolution of Human Longevity* », *American Journal of Human Biology*, vol. 15, 2003, p. 380–400.

• KAPLAN H. *et al.*, « *Learning, menopause, and the human adaptive complex* », *Ann NY Acad Sci.*, vol. 1204, 2010, p. 30–42.

• LAHDENPERA M. *et al.*, « *Fitness benefits of prolonged post-reproductive lifespan in women* », *Nature*, vol. 428, 2004, p. 178–181.

• NATTRAS S. *et al.*, « *Postreproductive killer whale grandmothers improve the survival of their grandoffspring* », *PNAS*, vol. 116, 2019, p. 26669–26673.

• THOMAS F. *et al.*, « *Can postfertile life stages evolve as an anticancer mechanism?* », *PloS Biol.*, vol. 17, n° 12, 2019, e3000565.

• THOUZEAU V. et RAYMOND M., « *Emergence and maintenance of menopause in humans: a game theory model* », *Journal of Theoretical Biology*, vol. 430, 2017, p. 229–236.

第七章 为什么我们会变老

• ACKERMANN M. *et al.*, « *On the evolutionary origin of aging* », *Aging Cell*, vol. 6, 2007, p. 235–244.

• BARTKE A. *et al.*, « *Dietary restriction and life span* », *Science*, vol. 296, 2002, p. 2141–2142.

• BOONEKAMP J. J. *et al.*, « *Reproductive effort accelerates actuarial senescencein wild birds: an experimental study* », *Ecology Letters*, vol. 17, 2014, p. 599–605.

• CAREY J. R. et JUDGE D. S., *Longevity Records: Life Spans of Mammals, Birds, Reptiles, Amphibians and Fish*, Odense, Odense University Press, 2000.

• DEELEN J. *et al.*, « *A meta-analysis of genome-wide association studies identifies multiple longevity genes* », *Nature Communication*, vol. 10, n° 3669, 2019.

• DONG X. *et al.*, « *Evidence for a limit to human lifespan* », *Nature*, vol. 538, 2016, p. 257–259.

• EVDOKIMOV A. *et al.*, « *Naked mole rat cells display more efficient excision repair than mouse cells* », *Aging*, vol. 10, 2018, p. 1454–1473.

• HAMILTON W. D., « *The moulding of senescence by natural selection* », *Journal of Theoretical Biology*, vol. 12, 1966, p. 12–45.

• HUGHES K. A. et REYNOLDS R. M., « *Evolutionary and mechanistic theories of aging* », *Annual Review of Entomology*, vol. 50, 2005, p. 421–445.

• JEMIELITY S. *et al.*, « *Long live the queen: studying aging in social insects* », *AGE*, vol. 27, 2005, p. 241–248.

• JIANG J. C. *et al.*, « *An intervention resembling caloric restriction prolongs life span and retards aging in yeast* », *FASEB J*, vol. 14, 2000, p. 2135–2137.

• KENYON C. *et al.*, « *A C. elegans mutant that lives twice as long as wild type* », *Nature*, vol. 366, 1993, p. 461–464.

• KIRKWOOD T. B. L., « *Evolution of ageing* », *Nature*, vol. 270,1977, p. 301–304.

• KIRKWOOD T. B. L. et HOLLIDAY R., « *Evolution of Aging and Longevity* », *Proceedings of the Royal Society of London Series B-Biological Sciences*, vol. 205, 1979, p. 531–546.

• LEMAÎTRE J.-F. *et al.*, « *Early-late life trade-offs and the evolution of ageing in the wild* », *Proceedings of the Royal Society B-Biological Sciences*, vol. 282, n° 1806, 2015.

• LIN S. J. *et al.*, « *Calorie restriction extends* Saccharomyces cerevisiae *life span by increasing respiration* », *Nature*, vol. 418, 2002, p. 344–348.

• MASORO E. J., *Caloric restriction: A key to understanding and modulating aging*, Amsterdam, Elsevier, 2002.

• MEDAWAR P. B., « *Old age and natural death* », *Modern Quarterly*, vol. 1, 1946, p. 30–56.

• MEDAWAR P. B., *An Unsolved Problem of Biology*, Londres, H. K. Lewis, 1952.

• MERLE-BÉRALH., *L'immortalité biologique*, Paris, Odile Jacob, 2020.

• MICHALAKIS Y. *et al.*, « Évolution des traits d'histoire de vie », dans THOMAS F., LEFEVRE T. et RAYMOND M., *Biologie évolutive*, Louvain-la-Neuve, De Boeck, 2010, p. 373–422.

• MICHOD R. E., « *Evolution of life histories in response to age-specific mortality factors* », *The American Naturalist*, vol. 113, 1979, p. 531–550.

• REED T. E. *et al.*, « *Reproductive senescence in a long-lived seabird: Rates of decline in late-life performance are associated with varying costs of early reproduction* », *The American Naturalist*, vol. 171, 2008, p. E89–E101.

• RICKLEFS R. E., « *The evolution of senescence from a comparative perspective* », *Functional Ecology*, vol. 22, 2008, p. 379–392.

• ROSE M. R., « *Laboratory evolution of postponed senescence in Drosophila melanogaster* », *Evolution*, vol. 38, 1984, p. 1004–1010.

• ROSE M. R., *Evolutionary Biology of Aging*, Oxford, Oxford University Press, 1991.

• ROSE M. R. et CHARLESWORTH B., « *A test of evolutionary theories of senescence* », *Nature*, vol. 287, 1980, p. 141–142.

• RUBY G. J. *et al.*, « *Naked mole-rat mortality rates defy Gompertzian laws by not in-*

creasing with age », *eLife*, 2018, e31157.

• SAHM A. *et al.*, « *Long lived rodents reveal signatures of positive selection in genes assoiated with lifespan* », *PloS Genetics*, vol. 14, 2018, e1007272.

• SHANLEY D. P. et KIRKWOOD T. B. L., « *Calory restriction and aging: a life-history analysis* », *Evolution*, vol. 54, 2000, p. 740–750.

• SHANLEY D. P. *et al.*, « *Testing evolutionary theories of menopause* », *Proceedings of the Royal Society B-Biological Sciences*, vol. 274, 2007, p. 2943–2949.

• SOHAL R. S. et WEINDRUCH R., « *Oxidative stress, caloric restriction, and aging* », *Science*, vol. 273, 1996, p. 59–63.

• WILHELM T. *et al.*, « *Neuronal inhibition of the autophagy nucleation complex extends life span in post-reproductive* C. elegans », *Genes and Development*, vol. 31, 2017, p. 1561–1572.

• WILLIAMS G. C., « *Pleiotropy, natural selection, and the evolution of senescence* », *Evolution*, vol. 11, 1957, p. 398–411.

第八章　动物离奇自杀的原因有哪些

• ANDERSEN S. B. *et al.*, « *The life of a dead ant: The expression of an adaptive extended phenotype* », *The American Naturalist*, vol. 174, 2009, p. 424–433.

• BARRY K. L., HOLWELL G. I. et HERBERSTEIN M. E., « *Female praying mantids use sexual cannibalism as a foraging strategy to increase fecundity* », *Behav. Ecol.*, vol. 19, 2008, p. 710–715.

• BEKOFF M. et SHERMAN P. W., « *Reflections on animal selves* », *Trends in ecology & evolution*, vol. 19, 2004, p. 176–180.

• BEKOFF M. et SHERMAN P. W., « *Reflections on animal selves* », dans *Animal Passions and Beastly Virtues: Reflections on Redecorating Nature*, 2006.

• BROWN W. D., MUNTZ G. A. et LADOWSKI A. J., « *Low mate encounter rate increases male risk taking in a sexual cannibalistic praying mantis* », *PLoS One*, vol. 7, 2012, e35377.

• BROWN W. D. et BARRY K. L., « *Sexual cannibalism increases male material investment in offspring: Quantifying terminal reproductive effort in a praying mantis* », *Proceedings of the Royal Society B: Biological Sciences*, 2016.

• BUSKIRK R. E., FROHLICH C. et ROSS K. G., « *The natural selection of sexual cannibalism* », *Am. Nat.*, vol. 123, 1984, p. 612–625.

• DE BEKKER C. *et al.*, « *Gene expression during zombie ant biting behavior reflects the complexity underlying fungal parasitic behavioral manipulation* », *BMC genomics*, vol. 16, 2015, p. 620.

• DE BEKKER C. *et al.*, « *Species-specific ant brain manipulation by a specialized fungal parasite* », *BMC evolutionary biology*, vol. 14, 2014, p. 166.

• ELGAR M. A. et SCHNEIDER J. M., « *Evolutionary significance of sexual cannibalism* », *Adv. StudyBehav.*, vol. 34, 2004, p. 135–163.

• FLEGR J., LENOCHOVÁ P., HODNÝ Z. et VONDROVÁ M., « *Fatal attraction phenomenon in humans-cat odour attractiveness increased for Toxoplasma-infected men while decreased for infected women* », *PLoS Neglected Tropical Diseases*, vol. 5, n° 11, p. 201.

• GOLDBOGEN J. A. *et al.*, « *Blue whales respond to simulated mid-frequency military sonar* », *Proceedings of the Royal Society B: Biological Sciences*, 2013.

• GOMES A.D. *et al.*, « *Review of the Reproductive Biology of Caecilians (Amphibia, Gymnophiona)* », *South American Journal of Herpetology*, 2012.

• HAMILTON W. D., « *Altruism and Related Phenomena, Mainly in Social Insects* », *Annual Review of Ecology and Systematics*, 1972.

• HEINZE J. et WALTER B., « *Moribund ants leave their nests to die in social isolation* », *Curr. Biol.*, vol. 20, 2010, p. 249–252.

• HOUSE P. K., VYAS A. et SAPOLSKY R., « *Predator cat odors activate sexual arousal pathways in brains of* Toxoplasma gondii *infected rats* », *PLoS One*, 2011.

• HUGHES D. P. *et al.*, « *Behavioral mechanisms and morphological symptoms of zombie ants dying from fungal infection* », *BMC ecology*, vol. 11, 2011, p. 13.

• HUGHES D. P. et LIBERSAT F., « *Parasite manipulation of host behavior* », *Current Biology*, 2019.

• JONES T. H. *et al.*, « *The Chemistry of Exploding Ants, Camponotus spp. (Cylindricus complex)* », *Journal of Chemical Ecology*, vol. 30, n° 8, 2004, p. 1479–1492.

• KIM K.W. et HOREL A., « *Matriphagy in the spider* Amaurobius ferox *(Araneidae, Amaurobiidae): An example of mother-offspring interactions* », *Ethology*, 1998.

• KIM K. W., ROLAND C. et HOREL A., « *Functional value of matriphagy in the spider* Amaurobius ferox », *Ethology*, 2000.

• LACINY A. *et al.*, « Colobopsis explodens *sp. n., model species for studies on "exploding ants" (Hymenoptera, Formicidae), with biological notes and first illustrations of males of the* Colobopsis cylindrica *group* », *ZooKeys*, vol. 751, 2018, p. 1–40.

• LAGRUE C., *Les parasites manipulateurs. Sommes-nous sous influence?*, Paris, humenSciences, 2020.

• LIDICKER W. Z. et CHITTY D., « *Do Lemmings Commit Suicide? Beautiful Hypotheses and Ugly Facts* », *Ecology*, 1997.

• MCALLISTER M. K. et ROITBERG B. D., « *Adaptive suicidal behaviour in pea aphids* », *Nature*, 1988.

• MÜLLER C. B. et SCHMID-HEMPEL R., « *To die for host or parasite?* », *Anim. Behav.*, vol. 44, 1992, p. 177–179.

• PEÑA-GUZMÁN D. M., « *Can nonhuman animals commit suicide?* », *Animal Sentience*, 2017.

• POIROTTE C. P. M. *et al.*, « *Morbid attraction to leopard urine in toxoplasma-infected chimpanzees* », *Current Biology*, vol. 26, n° 3, 2016, p. R98–R99.

• REFARDT D., BERGMILLER T. et KÜMMERLI R., « *Altruism can evolve when relatedness is low: Evidence from bacteria committing suicide upon phage infection* », *Proceedings of the Royal Society B: Biological Sciences*, 2013.

• RUEPPELL O., HAYWORTH M. K. et ROSS N. P., « *Altruistic self-removal of health-compromised honey bee workers from their hive* », *J. Evol. Biol.*, vol. 23, 2010, p. 1538–1546.

• THOMAS F. *et al.*, « *Do hairworms (Nematomorpha) manipulate the water seeking behaviour of their terrestrial hosts?* », *Journal of Evolutionary Biology*, vol. 15, n° 3, 2002, p. 356–361.

• YANOVIAK S. P., KASPARI M., DUDLEY R. et POINAR Jr. G., « *Parasite-induced fruit mimicry in a tropical canopy ant* », *The American Naturalist*, vol. 171, 2008, p. 536–544.

第九章　利己一定能获益吗

• AKTIPIS C. A. *et al.*, « *Cancer across the tree of life: cooperation and cheating in multicellularity* », *Philosophical Transactions of the Royal Society B: Biological Sciences*, 2015.

• CLUTTON-BROCK T. H. *et al.*, « *Selfish sentinels in cooperative mammals* », *Science*, vol. 284, 1999, p. 1640–1644.

• COURCHAMP F. *et al.*, « *Rarity value and species extinction: the anthropogenic Allee effect* », *PLoS Biol.*, vol. 4, 2007, p. 2405–2410.

• DE ROODE J. C. *et al.*, « *Virulence and competitive ability* », dans DIONISIO F. et GORDO I., « *The tragedy of the commons, the public goods dilemma, and the meaning of rivalry and excludability in evolutionary biology* », *Evolutionary Ecology Research*, 2006.

• DOBATA S. T. *et al.*, « *Cheater genotypes in the parthenogenetic ant* Pristomyrmex punctatus », *Proceedings of the Royal Society B: Biological Sciences*, 2009.

• FALSTER D. S. et WESTOBY M., « *Plant height and evolutionary games* », *Trends Ecol. Evol.*, vol. 18, 2003, p. 337–343.

• FOSTER K. R., « *Diminishing returns in social evolution: the not-sotragic commons* », *J. Evol. Biol.*, vol. 17, 2004, p. 1058–1072.

• FRANK S. A., « *Mutual policing and repression of competition in the evolution of cooperative groups* », *Nature*, vol. 377, 1995, p. 520–522.

• FRANK S. A., « *Models of parasite virulence* », *Q. Rev. Biol.*, vol. 71, 1996, p. 37–78.

• FRANK S. A., « *Demography and the tragedy of the commons* », *Journal of Evolutionary Biology*, 2010.

• GARDNER A. et WEST S. A., « *Cooperation and punishment, especially in humans* », *Am. Nat.*, vol. 164, 2004, p. 753–764.

• GELL F. R. et ROBERTS C. M., « *Benefits beyond boundaries: the fishery effects of marine reserves* », *Trends Ecol. Evol.*, vol. 18, 2003, p. 448–455.

• GERSANI M. *et al.*, « *Tragedy of the commons as a result of root competition* », *J. Ecol.*, vol. 89, 2001, p. 660–669.

• HARDIN G., « *The tragedy of the commons* », *Science*, 1968.

• HARDIN G., « *The tragedy of the unmanaged commons* », *Trends in Ecology and Evolution*, 1994.

• HAUERT C. *et al.*, « *Via freedom to coercion: the emergence of costly punishment* », *Science*, vol. 316, 2007, p. 1905–1907.

• KERR B. *et al.*, « *Local migration promoted competitive restraint in a host-pathogen "tragedy of the commons"* », *Nature*, vol. 442, 2006, p. 75–78.

• LEGALLIARD J. F., FITZE P. S., FERRIÈRE R. et CLOBERT J., « *Sex ratio bias, male aggression, and population collapse in lizards* », *Proceedings of the National Academy of Sciences of the United States of America*, 2005.

• LOCHER F., « *Les pâturages de la guerre froide. Garrett Hardin et la Tragédie des communs* », *Revue d'histoire moderne et contemporaine*, vol. 60, 2013, p. 7–36.

• MACLEAN R. C., « *The tragedy of the commons in microbial populations: insights from theoretical, comparative and experimental studies* », *Heredity*, 2008.

• MARTIN S. J. *et al.*, « *Parasitic Cape honeybee workers,* Apis mellifera capensis, *evade policing* », *Nature*, vol. 415, 2002, p. 163–165.

• MILINSKI M., SEMMANN D. et KRAMBECK H. J., « *Reputation helps solve the "tragedy of the commons"* », *Nature*, 2002.

• RANKIN D. J. et LÓPEZ-SEPULCRE A., « *Can adaptation lead to extinction?* », *Oikos*, vol. 111, 2005, p. 616–619.

• RANKIN D. J., BARGUM K. et KOKKO H., « *The tragedy of the commons in evolutionary biology* », *Trends in Ecology and Evolution*, 2007.

• RANKIN D. J. et KOKKO H., « *Sex, death and tragedy* », *Trends in Ecology and Evolution*, 2006.

• RATNIEKS F. L. W. *et al.*, « *Conflict resolution in insect societies* », *Annu. Rev. Entomol.*, vol. 51, 2006, p. 581–608.

• RIEHL C. et FREDERICKSON M. E., « *Cheating and punishment in cooperative animal societies* », *Philosophical Transactions of the Royal Society B: Biological Sciences*, 2016.

• SCUDELLARI M., « *To stay young, kill zombie cells* », *Nature*, vol. 550, 2017, p. 448–450.

• SHARIFF A. F. et RHEMTULLA M., « *Divergent effects of beliefs in heaven and hell on national crime rates* », *PLoS One*, 2012.

• SHIMOJI H. *et al.*, « *Social enforcement depending on the stage of colony growth in an ant* », *Proceedings of the Royal Society B: Biological Sciences*, 2018.

• SMITH J., « *Tragedy of the commons among antibiotic resistance plasmids* », *Evolution*, 2012.

• SUCHAK M. *et al.*, « *How chimpanzees cooperate in a competitive world* », *Proceedings of the National Academy of Sciences of the United States of America*, 2016.

• TAYLOR P. D. *et al.*, « *Evolution of cooperation in a finite homogeneous graph* », *Nature*, vol. 447, 2007, p. 469–472.

• TOGNETTI A., DUBOIS D., FAURIE C. et WILLINGER M., « *Men increase contributions to a public good when under sexual competition* », *Scientific Reports*, 2016.

• TSUJI K. et DOBATA S., « *Social cancer and the biology of the clonal ant* Pristomyrmex punctatus (*Hymenoptera: Formicidae*) », *Myrmecological News*, 2011.

• VASSE M. *et al.*, « *Antibiotic stress selects against cooperation in the pathogenic bacterium* Pseudomonas aeruginosa », *Proceedings of the National Academy of Sciences of the United States of America*, 2017.

• VOLLAN B. et OSTROM E., « *Cooperation and the commons* », *Science*, 2010.

• WENSELEERS T. et RATNIEKS F. L., « *Tragedy of the commons in* Melipona *bees* », *Proc. R. Soc. Lond. B. Biol. Sci.*, vol. 271, 2004, p. S310–S312.

• WENSELEERS T. *et al.*, « *Worker reproduction and policing in insect societies: an ESS analysis* », *J. Evol. Biol.*, vol. 17, 2004, p. 1035–1047.

第十章　双胎的出现只是概率问题吗

• ANDERSON D. J., « *On the evolution of human brood size* », *Evolution*, vol. 44, 1990, p. 438–440.

• BALL H. L. et HILL C. M., « *Insurance ovulation, embryo mortality and twinning* », *Journal of Biosocial Science*, vol. 31, 1999, p. 245–255.

• FORBES L. S., « *The evolutionary biology of spontaneous abortion in humans* », *Trends in Ecology & Evolution*, 12, 1997, p. 446–450.

• FORBES S., *A natural history of families*, Princeton, Princeton University Press, 2005.

• GABBETT *et al.*, « *Molecular Support for Heterogonesis Resulting in Sesquizygotic Twinning* », *New Engl J Med*, vol. 380, 2019, p. 842–849.

• GLEESON *et al.*, « *Monozygotic twinning: An evolutionary hypothesis* », *PNAS*, vol. 91, 1994, p. 11363–11367.

• HALL J. G., « *Twinning* », *The Lancet*, vol. 362, 2003, p. 735–743.

• HAZEL N. W. *et al.*, « *An age-dependent ovulatory strategy explains the evolution of dizygotic twinning in humans* », *Nature Ecology & Evolution*, 2020.

• HOEKSTRA C. *et al.*, « *Dizygotic twinning* », *Hum Reprod Update*, vol. 14, 2008, p. 37–47.

• JAMES W. H., « *The incidence of superfecundation and of double paternity in the general population* », *Acta Genet Med Gemellol* (*Roma*), vol. 42, 1993, p. 257–262.

• JONSSON H. *et al.*, « *Differences between germline genomes of monozygotic twins* », *Nat Genet*, vol. 53, 2021, p. 27–34.

• KANAZAWA S. et SEGAL N. L., « *Do Monozygotic Twins Have Higher Genetic Quality than Dizygotic Twins and Singletons? Hints from Attractiveness Ratings and Self-Reported Health* », *Evolutionary Biology*, vol. 46, 2019, p. 164–169.

• LANDY H. J. et KEITH L. G., « *The vanishing twin: a review* », *Hum Reprod Update*, vol. 4, 1998, p. 177–183.

• LANTIERI T. *et al.*, « *Superfetation after ovulation induction and intrauterine insemination performed during an unknown ectopic pregnancy* », *Reprod Biomed Online*, vol. 20, 2010, p. 664–666.

• LOUGHRY W. J. *et al.*, « *Polyembryony in Armadillos* », *American Scientist*, vol. 86, 1998.

• LUMMAA V., HAUKIOJA E., LEMMETYINEN R. et PIKKOLA M., « *Natural selection on human twinning* », *Nature*, vol. 394, 1998, p. 533–534.

• MAGDALENO-DANS F. *et al.*, « *Asynchronous twin births. Case report and obstetric management review* », *Ginecol Obstet Mex.*, vol. 84, 2016, p. 53–59.

• MBAREK H. *et al.*, « *Identification of Common Genetic Variants Influencing Spontaneous Dizygotic Twinning and Female Fertility* », *Am J Hum Genet.*, vol. 98, 2016, p. 898–908.

• MCNAMARA H. C. *et al.*, « *A review of the mechanisms and evidence for typical and atypical twinning* », *Am J Obstet Gynecol.*, vol. 214, 2016, p. 172–191.

• MILKI A. A., HINCKLEY M. D., GRUMET F. C. et CHITKARA U., « *Concurrent IVF and spontaneous conception resulting in a quadruplet pregnancy* », *Hum Reprod.*, vol. 16, 2001, p. 2324–2326.

• MONDEN C. et SMITS J., « *Mortality among twins and singletons in sub-Saharan Africa between 1995 and 2014: a pooled analysis of data from 90 Demographic and Health Surveys in 30 countries* », *Lancet Global Health*, vol. 5, 2017, p. e673–e679.

• MONDEN C. et SMITS J., « *Twin Peaks: more twinning in humans than ever before* », *Human Reproduction*, 2021.

• O'CONNOR K. A., HOLMAN D. J. et WOOD J. W., « *Declining fecundity and ovarian ageing in natural fertility populations* », *Maturitas*, vol. 30, 1998, p. 127–136.

• PAPE O. *et al.*, « Superfœtation : à propos d'un cas et revue de la littérature », *J Gynecol Obstet Biol Reprod* (*Paris*), vol. 37, 2008, p. 791–795.

• PINBORG A., LIDEGAARD O. et ANDERSEN A. N., « *The vanishing twin: a major determinant of infant outcome in IVF singleton births* », *Br J Hosp Med* (*Lond*), vol. 67, 2006, p. 417–420.

• PINC L. *et al.*, « *Dogs Discriminate Identical Twins* », *PloS One*, 2011.

• PISON G. *et al.*, « *Twinning Rates in Developed Countries: Trends and Explanations* », *Population and development review*, vol. 41, 2015, p. 629–649.

• RICHIARDI L. *et al.*, « *Perinatal determinants of germ-cell testicular cancer in relation to histological subtypes* », *British Journal of Cancer*, vol. 87, 2002, p. 545–550.

• RICKARD I. J. *et al.*, « *Twinning propensity and offspring in utero growth covary in rural African women* », *Biol. Lett.*, vol. 8, 2012, p. 67–70.

• RICKARD I. J. *et al.*, « *Why is lifetime fertility higher in twinning women?* », *Proc. R. Soc. B*, vol. 279, 2012, p. 2510–2511.

• ROBSON S. L. et SMITH K. R., « *Twinning in humans: maternal heterogeneity in reproduction and survival* », *Proc. R. Soc. B*, vol. 278, 2011, p. 3755–3761.

• ROELLIG K., MENZIES B. R., HILDEBRANDT T. B. et GOERITZ F., « *The concept of superfetation: a critical review on a "myth" in mammalian reproduction* », *Biol Rev Camb Philos Soc.*, vol. 86, 2011, p. 77–95.

• SEAR R., SHANLEY D., MCGREGOR I. A. et MACE R., « *The fitness of twin mothers: evidence from rural Gambia* », *J. Evol. Biol.*, vol. 14, 2001, p. 433–443.

• SEGAL N. L., *Entwined lives: Twin and what they tell us about human behavior*, New York, Dutton/Plume, 1999.

• SEGAL N. L., *Twin mythconceptions: False beliefs, fables, ands fact about twins*, San Diego, Elsevier, 2017.

• SEGAL N. L., « *Human dizygotic twinning: Evolutionary-based explanations* », *Twin Research and Human Genetics*, vol. 21, 2018, p. 325–329.

• SKJÆRVØ G. R. *et al.*, « *The rarity of twins: a result of an evolutionary battle between mothers and daughters-or do they agree?* », *Behav Ecol Sociobiol*, 2009.

• SKYTTHE A. *et al.*, « *Cancer Incidence and Mortality in 260,000 Nordic Twins With 30,000 Prospective Cancers* », *Twin Research and Human Genetics*, 2019, p. 1–9.

• SMITS J. et MONDEN C., « *Twinning across the developing world* », *PLoS One*, vol. 6, 2011, p. e25239.

• SOUTER V. L. *et al.*, « *A case of true hermaphroditism reveals an unusual mechanism of twinning* », *Hum Genet.*, vol. 121, 2007, p. 179–185.

• SUGIYAMA Y., « *Twinning frequency of Japanese Macaques* (Macaca fuscata) *at Takasakiyama* », *Primates*, vol. 52, 2011, p. 19–23.

• TARÍN J. J., GARCÍA-PÉREZ M. A., HERMENEGILDO C. et CANO A., « *Unpredicted ovulations and conceptions during early pregnancy: an explanatory mechanism of human superfetation* », *Reprod Fertil Dev.*, vol. 25, 2013, p. 1012–1019.

• TERASAKI P. I. *et al.*, « *Twins with two different fathers identified by HLA* », *N Engl J Med.*, vol. 299, 1978, p. 590–592.

• TESCHLER-NICOLA M. *et al.*, « *Ancient DNA reveals monozygotic newborn twins from the Upper Palaeolithic* », *Commun Biol.*, vol. 3, 2020, p. 650.

• VERMA R. S., LUKE S. et DHAWAN P., « *Twins with different fathers* », *The Lancet*, vol. 339, 1992, p. 63–64.

• WENK R. E., HOUTZ T., BROOKS M. et CHIAFARI F. A., « *How frequent is hetero-paternal superfecundation?* », *Acta Genet Med Gemellol* (*Roma*), vol. 41, 1992, p. 43–47.

第十一章　为什么会有左利手

• FAURIE C. et RAYMOND M., « *Handedness, homicide and negative frequency-dependent selection* », *Proceedings of the Royal Society of London B*, vol. 272, 2005, p. 25–28.

• FAURIE C. et RAYMOND M., « *The fighting hypothesis as an evolutionary explanation for human handedness polymorphism: where are we?* », *Annals of the NY Academy of Sciences*, vol. 1288, 2013, p. 110–113.

• FAURIE C. *et al.*, « *Socio-economic status and handedness in two large cohorts of French adults* », *British Journal of Psychology*, vol. 99, 2008, p. 533–554.

• LLAURENS V., RAYMOND M. et FAURIE C., « *Why are some people left-handed? An evolutionary perspective* », *Philosophical Transaction of the Royal Society B*, vol. 364, 2009, p. 881–894.

• LOFTING F. *et al.*, *Laterality in sports. Theory and applications*, Academic Press, 2016.

• NURHAYU W. *et al.*, « *Handedness heritability in industrialized and nonindustrialized societies* », *Heredity*, 2019.

• RAYMOND M., PONTIER D., DUFOUR A.-B. et MØLLER A. P., « *Frequency-dependent maintenance of left handedness in humans* », *Proceedings of the Royal Society of London B*, vol. 263, 1996, p. 1627–1633.

第十二章　形成同性恋取向的原因是什么

• ABLAZA C., KABÁTEK J. et PERALES F., « *Are sibship characteristics predictive of same sex marriage? An examination of fraternal birth order and female fecundity effects in population-level administrative data from the Netherlands* », *The Journal of Sex Research*, 2022.

• BALTHAZART J., *Biologie de l'homosexualité*, Wavre, Mardaga, 2010.

• BARTHES J., CROCHET P.-A. et RAYMOND M., « *Male homosexual preference: where, when, why?* », *PLoS One*, vol. 10, 2015, e0134817.

• BERMAN L. A., *The puzzle: exploring the evolutionary puzzle of male homosexuality*, Wilmette, Godot press, 2003.

• CAMPERIO-CIANI A.-S., CORNA F. et CAPILUPPI C., « *Evidence for maternally inherited factors favouring male homosexuality and promoting female fecundity* », *Proceedings of the Royal Society London B*, vol. 27, 2004, 221721.

• GANNA A. *et al.*, « *Large-scale GWAS reveals insights into the genetic architecture of same-sex sexual behavior* », *Science*, vol. 365, 2019.

• GAVRILETS S. et RICE W. R., « *Genetic models of homosexuality: generating testable predictions* », *Proceedings of the Royal Society London B*, vol. 273, 2006, p. 3031–3038.

• LÅNGSTRÖM N., RAHMAN Q., CARLSTRÖM E. et LICHTENSTEIN P., « *Genetic and environmental effects on same-sex sexual behavior: a population study of twins in Sweden* », *Archives of Sexual Behavior*, vol. 39, 2010, p. 7580.

• NILA S. *et al.*, « *Kin selection and male homosexual preference in Indonesia* », *Archives of Sexual Behavior*, vol. 47, 2018, 245565.

• NILA S. *et al.*, « *Male homosexual preference: femininity and the older brother effect in Indonesia* », *Evolutionary Psychology*, 2019.

• SANDERS A. R. *et al.*, « *Genome-wide linkage and association study of childhood gender nonconformity in males* », *Archives of Sexual Behavior*, 50, 2021, p. 3377–3383.

• ZIETSCH B. P. *et al.*, « *Genomic evidence consistent with antagonistic pleiotropy may help explain the evolutionary maintenance of same-sex sexual behaviour in humans* », *Nature Human Behaviour*, vol. 5, 2021, p. 1251–1258.

第十三章　负面情绪也会对身体有益?

• ALLEN N. B. et BADCOK P. B. T., « *Darwinian models of depression: a review of evolutionary accounts of mood and mood disorders* », *Progress in Neuro-Psychopharmacology and Biological Psychiatry*, vol. 30, 2006, p. 815–826.

• BECK C. T., « *The effects of postpartum depression on maternal-infant interaction: a meta-analysis* », *Nursing Research*, vol. 44, 1995, p. 298–305.

• BUSS D. M., « *Evolutionary psychology is a scientific revolution* », *Evolutionary Behavioral Sciences*, vol. 14, 2020, p. 316–323.

• DURISKO Z. et MULSANT B. H., « *Using evolutionary theory to guide mental health research* », *Canadian Journal of Psychiatry*, vol. 61, 2016, p. 159–165.

• ENDO K. *et al.*, « *Preference for Solitude, Social Isolation, Suicidal Ideation, and Self-Harm in Adolescents* », *J. Adolesc. Health*, vol. 61, n° 2, 2017, p. 187–191.

• GREENSPAN P., « *Good evolutionary reasons: Darwinian psychiatry and women's depression* », *Philosophical Psychology*, vol. 14, 2001, p. 327–338.

• HAGEN E. H., « *The functions of postpartum depression* », *Evolution and Human Behavior*, vol. 20, 1999, p. 325–359.

• HAGEN E. H., « *Depression as bargaining: the case postpartum* », *Evolution and Human Behavior*, vol. 23, 2002, p. 323–336.

• HAHN-HOLBROOK J. *et al.*, « *Does breastfeeding offer protection against maternal depressive symptomatology?* », *Archives of Women's Mental Health*, vol. 16, 2013, p. 411-422.

• HOFMAN S. G. *et al.*, « *Evolutionary mechanisms of fear and anxiety* », *Journal of Cognitive Psychotherapy: An international Quaterly*, vol. 16, 2002, p. 317-330.

• HORWITZ A. V. et WAKEFIELD J. C., « *All we have to fear. Psychitry's transformation of natural anxieties into mental disorders?* », Oxford, Oxford University Press, 2012.

• KAPLAN H. S. et GANGESTAD S. W., « *Life history theory and evolutionary psychology* », dans BUSS D. M., *Handbook of evolutionary psychology*, New York, Wiley, 2005.

• LEE W. E., WADSWORTH M. E. J. et HOTOPF M., « *The protective role of trait anxiety: a longitudinal cohort study* », *Psychological Medicine*, vol. 36, 2006, p. 345-351.

• LUPIEN S. J. *et al.*, « *Beyond the Stress Concept: Allostatic Load-A Developmental Biological and Cognitive Perspective* », dans CICCHETTI D., *Developmental Psychopathology*, New York, Wiley, 2006, p. 784-809.

• LUPIEN S., *Par amour du stress*, Éditions Va Savoir, 2020.

• MANER J. K. et KENRICK D. T., « *When adaptation go awry: functional and dysfunctional aspects of social anxiety* », *Social Issues and Policy Review*, vol. 4, 2010, p. 111-142.

• NESSE R. M., « *Evolutionary explanations of emotions* », *Human Nature*, vol. 1, 1990, p. 261-289.

• NESSE R. M., « *Proximate and evolutionary studies of anxiety, stress and depression: synergy at the interface* », *Neuroscience Biobehavioral Reviews*, vol. 23, 1999, p. 895-903.

• NESSE R. M., « *Natural selection and the regulation of defenses: a signal detection nalalysis of the smoke detector principle* », *Evolution and human behaviour*, vol. 26, 2005, p. 88-105.

• NESSE R. M. et WILLIAMS G. C., *Why we get sick? The new science of Darwinian medicine*, New York, Vintage Books, 1996.

• NESSE R. M., « *The smoke detector principle. Natural selection and the regulation of defensive responses* », *Annals of the New York Academy of Sciences*, vol. 935, 2001, p. 75-85.

• NESSE R. M., « *Why has natural selection left us vulnerable to anxiety and mood disorders?* », *Canadian Journal of Psychiatry*, vol. 56, 2011, p. 705-706.

• NESSE R. M., « *The smoke detector principle: Signal detection and optimal defense regulation* », *Evol. Med. Public Health.*, vol. 1, n° 1, 2019.

• NESSE R. M., « *Is depression an adaptation?* », *Arch. Gen. Psychiatry*, vol. 57, n° 1, 2000, p. 14-20.

• NESSE R. M. et ELLSWORTH P. C., « *Evolution, emotions, and emotional disorders* », *Am. Psychol.*, vol. 64, 2009, p. 129-139.

• NESSE R. M., *L'origine des troubles mentaux*, Genève, Éditions Markus Haller, 2021.

• NESSE R. M. et STEIN D. J., « *How evolutionary psychiatry can advance psychopharmacology* », *Dialogues in Clinical Neuroscience*, vol. 21, 2019, p. 167–175.

• NETTLE D., « *Evolutionary origins of depression: a review and reformulation* », *Journal of Affective Disorders*, vol. 81, 2004, p. 91–102.

• PLAYER M. S. et PETERSON L. E., « *Anxiety disorders, hypertension and cardiovascular risk : A review* », *International journal of Psychiatry Medicine*, vol. 41, 2011, p. 365–377.

• POLLAK S. D., « *Developmental psychopathology: Recent advances and future challenges* », *World Psychiatry*, vol. 14, 2015, p. 262–268.

• PLUSQUELLEC P., PAQUETTE D., THOMAS F. et RAYMOND M., *Les troubles psy expliqués par la théorie de l'évolution*, Paris, De Boeck, 2016.

• SHACKELFORD T. K., VIVIANA A. et WEEKES-SHACKELFORD V. A., *Encyclopedia of Evolutionary Psychological Science*, New York, Springer, 2021.

• STEARNS S. C. et NESSE R., « *Evolutionary perspectives on health and medicine* », *Proceedings of the National Academy of Sciences of the United States of America*, vol. 107, 2010, p. 1691–1695.

• YSTROM E., « *Breastfeeding cessation and symptoms of anxiety and depression; a longitudinal cohort study* », *BMC Pregnancy and Childbirth*, vol. 12, n° 36, 2012.

第十四章　安慰剂效应：一种精神胜利？

• AABY P. *et al.*, « *Evidence of increase in mortality after the introduction of Diphtheria-Tetanus-Pertussis vaccine to children aged 6-35 months in Guinea-Bissau: a time for reflection?* », *Frontiers in Public Health*, vol. 6, 2018. p. 79.

• BICK J. *et al.*, « *Effect of early institutionalization and foster care on long-term white matter development: a randomized clinical trial* », *JAMA Pediatrics*, vol. 169, 2015, p. 211219.

• BORCH-JACOBSEN M. *et al.*, *Le livre noir de la psychanalyse : vivre, penser et aller mieux sans Freud*, Paris, Les Arènes, 2005.

• COYNE J. C. et ROHRBAUGH M. J., « *Prognostic importance of marital quality for survival of congestive heart failure* », *The American Journal of Cardiology*, vol. 88, 2001, p. 526–529.

• EAKER E. D. et SULLIVAN L. M., « *Marital status, marital strain, and risk of coronary heart disease or total mortality: the framingham off-spring study* », *Psychosomatic Medicine*, vol. 69, 2007, p. 509–513.

• FAIVRE B. *et al.*, « *Immune activation rapidly mirrored in a secondary sexual trait* », *Science*, vol. 300, 2003, p. 103.

• FLAJNIK M. F. et KASAHARA M., « *Origin and evolution of the adaptive immune system : genetic events and selective pressures* », *Nature Reviews Genetics*, vol. 11, 2010, p. 47–59.

• FLINN M. V., « *Evolution and ontogeny of stress response to social challenges in the human child* », *Developmental Review*, vol. 26, 2006, p. 138–174.

• GELLATLY C. et STÖRMER C., « *How does marriage affect length of life? Analysis of a French historical dataset from an evolutionary perspective* », *Evolution and Human Behavior*, vol. 38, 2017, p. 536–545.

• HAWLEY D. M. et ALTIZER S. M., « *Disease ecology meets ecological immunology: understanding the links between organismal immunity and infection dynamics in natural populations* », *Functional Ecology*, vol. 25, 2011, p. 48–60.

• HANSSEN S. A. *et al.*, « *Costs of immunity: immune responsiveness reduces survival in a vertebrate* », *Proceedings of the Royal Society B: Biological Sciences*, vol. 271, 2004, p. 925–930.

• HOLT-LUNSTAD J. *et al.*, « *Social relationships and mortality risk: a meta-analytic review* », *PLoS Medicine*, vol. 7, 2010.

• LOCHMILLER R. L. et DEERENBERG C., « *Trade-offs in evolutionary immunology: just what is the cost of immunity?* », *Oikos*, vol. 88, 2000, p. 87–98.

• MUBANGA M. *et al.*, « *Dog ownership and the risk of cardiovascular disease and death-a nationwide cohort study* », *Scientific Reports*, vol. 7, n° 15821, 2017.

• RAYMOND M., *Le pouvoir de guérir*, Paris, humenSciences, 2020.

• RENDALL M. S. *et al.*, « *The protective effect of marriage for survival: a review and update* », *Demography*, vol. 48, 2011, p. 481–506.

• SAPOLSKY R. M., « *Why stress is bad for your brain* », *Science*, vol. 273, 1996, p. 749–750.

• SMITH K. P. et CHRISTAKIS N. A., « *Social networks and health* », *Annual Review of Sociology*, vol. 34, 2008, p. 405–429.

• SNYDER-MACKLER N. *et al.*, « *Social status alters immune regulation and response to infection in macaques* », *Science*, vol. 354, 2016, p. 1041–1045.

• STEPTOE A. *et al.*, « *Social isolation, loneliness, and all-cause mortality in older men and women* », *PNAS*, vol. 110, 2013, p. 5797.

• TSUGAWA Y., JENA A. B. *et al.*, « *Comparison of hospital mortality and readmission rates for medicare patients treated by male vs female physicians* », *JAMA Internal Medicine*, vol. 177, 2017, p. 206213.

• TUCKER J. S. *et al.*, « *Marital history at midlife as a predictor of longevity: alternative explanations to the protective effect of marriage* », *Health Psychology*, vol. 15, 1996, p. 94–101.

第十五章　什么样的食物会变成毒药

• AKRAM M. et HAMID A., « *Mini review on fructose metabolism* », *Obesity Research & Clinical Practice*, vol. 7, 2013, p. e89–94.

• BAAN R. *et al.*, « *Carcinogenicity of carbon black, titanium dioxide, and talc* », *The Lancet Oncology*, vol. 7, 2006, p. 295–296.

• BERGER N. A., « *Young adult cancer: influence of the obesity pandemic* », *Obesity*, vol. 26, 2018, p. 641–650.

• BRINTON E.A., « *The time has come to flag and reduce excess fructose intake* », *Atherosclerosis*, vol. 253, 2016, p. 262–264.

• CALDERÓN I. D. *et al.*, « *Physiological and parasitological implications of living in a city: the case of the white-footed tamarin* (Saguinus Leucopus) », *American Journal of Primatology*, vol. 78, 2016, p. 1272–1281.

• CHASSAING B. *et al.*, « *Randomized controlled-feeding study of dietary emulsifier carboxymethylcellulose reveals detrimental impacts on the gut microbiota and metabolome* », *Gastroenterology*, 2021.

• CHAZELAS E. *et al.*, « *Sugary drink consumption and risk of cancer: results from NutriNet-Santé prospective cohort* », *British Medical Journal*, vol. 365, 2019, p. 12408.

• CHOI J.-Y. *et al.*, « *Long-term consumption of sugar-sweetened beverage during the growth period promotes social aggression in adult mice with proinflammatory responses in the brain* », *Scientific Reports*, vol. 7, 2017, p. 45693.

• CORDAIN L. *et al.*, « *Origins and evolution of the western diet: health implications for the 21st century* », *The American Journal of Clinical Nutrition*, vol. 81, 2005, p. 341–354.

• DE GARINE I., « *Social adaptation to season and uncertainty in food supply* », dans HARRISON G. A. et WATERLOW J. C., *Diet and disease in traditional and developing societies*, Cambridge, Cambridge University Press, 1990, p. 240–289.

• DE GARINE I. et KOPPERT G. J. A., « *Guru fattening sessions among the Massa* », *Ecology of Food and Nutrition*, vol. 25, 1991, p. 1–28.

• FIOLET T. *et al.*, « *Consumption of ultra-processed foods and cancer risk: results from NutriNet-Santé prospective cohort* », *British Medical Journal*, vol. 360, 2018, p. k322.

• HARPAZ D. *et al.*, « *Measuring artificial sweeteners toxicity using a bioluminescent bacterial panel* », *Molecules*, vol. 23, 2018, p. 2454.

• HU F. B. *et al.*, « *Diet and risk of type II diabetes: the role of types of fat and carbohydrate* », *Diabetologia*, vol. 44, 2001, p. 805–817.

• KAHN S. E. *et al.*, « *Mechanisms linking obesity to insulin resistance and type 2 diabetes* », *Nature*, vol. 444, 2006, p. 840.

• KEARNS C. E. *et al.*, « *Sugar industry and coronary heart disease research: a historical analysis of internal industry documents* », *JAMA Internal Medicine*, vol. 176, 2016,

p. 1680–1685.

• KIM B. et FELDMAN E. L., « *Insulin resistance as a key link for the increased risk of cognitive impairment in the metabolic syndrome* », *Expert Reviews in Molecular Medicine*, vol. 47, 2015, p. e149.

• KLIMENTIDIS Y. C. *et al.*, « *Canaries in the coal mine: a cross-species analysis of the plurality of obesity epidemics* », *Proceedings of the Royal Society B: Biological Sciences*, vol. 278, 2011, p. 1626–1632.

• KNÜPPEL A. *et al.*, « *Sugar intake from sweet food and beverages, common mental disorder and depression: prospective findings from the Whitehall II study* », *Scientific Reports*, vol. 7, 2017, p. 6287.

• LEUNG C. W. *et al.*, « *Soda and cell aging: associations between sugar-sweetened beverage consumption and leukocyte telomere length in healthy adults from the National Health and Nutrition Examination surveys* », *American Journal of Public Health*, vol. 104, 2014, p. 2425–2431.

• LUSTIG R. H. *et al.*, « *Public health: the toxic truth about sugar* », *Nature*, vol. 482, 2012, p. 27–29.

• MYLES I. A., « *Fast food fever: reviewing the impacts of the Western diet on immunity* », *Nutrition Journal*, vol. 13, 2014, p. 61.

• MATTA J. *et al.*, « *Prévalence du surpoids, de l'obésité et des facteurs de risque cardio-métaboliques dans la cohorte Constances* », *Bulletin épidémiologique hebdomadaire*, vol. 35–36, 2016, p. 640–646.

• NISHIZAWA T. *et al.*, « *Some factors related to obesity in the Japanese sumo wrestler* », *The American Journal of Clinical Nutrition*, vol. 29, 1976, p. 1167–1174.

• PEPINO M. Y., « *Metabolic effects of non-nutritive sweeteners* », *Physiology & Behavior*, vol. 152, 2015, p. 450–455.

• RAYMOND M., *Le pouvoir de guérir*, Paris, humenSciences, 2020.

• RODRIGUEZ-PALACIOS A. *et al.*, « *The artificial sweetener Splenda promotes gut proteobacteria, dysbiosis, and myeloperoxidase reactivity in Crohn's disease-like ileitis* », *Inflammatory Bowel Diseases*, vol. 24, 2018, p. 1005–1020.

• SCHNABEL L. *et al.*, « *Association between ultraprocessed food consumption and risk of mortality among middle-aged adults in France* », *JAMA Internal Medicine*, vol. 179, 2019, p. 490–498.

• SHANKAR P. *et al.*, « *Non-nutritive sweetener: review and update* », *Nutrition*, vol. 29, 2013, p. 1293–1299.

• SUEZ J. *et al.*, « *Artificial sweeteners induce glucose intolerance by altering the gut microbiota* », *Nature*, vol. 514, 2014, p. 181–186.

• SWITHERS S. E., « *Artificial sweeteners are not the answer to childhood obesity* », *Appetite*, vol. 93, 2015, p. 85–90.

• TASKINEN M.-R. *et al.*, « *Adverse effects of fructose on cardiometabolic risk factors and hepatic lipid metabolism in subjects with abdominal obesity* », *Journal of Internal Medicine*, vol. 282, 2017, p. 187–201.

• TAUBES G., *The case against sugar*, New York, A. A. Knoff, 2016.

• TAUBES G., *Good calories, bad calories. Fats, carbs, and the controversial science of diet and health*, New York, Anchor Books, 2008, « Expériences animales », p. 307–309 et « Expériences humaines », p. 322–325.

• THOMAS F., *L'abominable secret du cancer*, Paris, humenSciences, 2019.

• THOMPSON R. C. *et al.*, « *Atheroscerosis as manifest by thoracic aortic calcium: insight from a remote native population with extremely low level of coronary atherosclerosis and traditional CV risk factors* », *Journal of the American College of Cardiology*, vol. 71S, 2018, p. A1685.

• THORBURN A. N. *et al.*, « *Diet, metabolites, and "western-lifestyle" inflammatory diseases* », *Immunity*, vol. 40, 2014, p. 833–342.

• VALGEIRSDOTTIR H. *et al.*, « *Prenatal exposures and birth indices, and subsequent risk of polycystic ovary syndrome: a national registry-based cohort study* », *Int. J. Obstet. Gynaecol.*, vol. 126, 2019, p. 244–251.

致 谢

弗雷德里克·托马衷心感谢校对了本书部分章节的各位同事,尤其是卢比昂、勒迈特(Jean-François Lemaitre)和库蒂奥尔(Alexandre Courtiol)。他还要感谢各方对其研究给予的信任和支持,特别是法国国家科学研究中心、霍夫曼(André Hoffmann)、豪斯-梅耶(Jean Hauss-Meyer)、MAVA基金会、法国发展研究院(IRD)、蒙彼利埃大学和法国国家科研署(ANR)。

图书在版编目(CIP)数据

自然的悖论:合理与荒谬并存的进化之路/(法)弗雷德里克·托马,(法)米歇尔·雷蒙著;杨冉译.—上海:上海科技教育出版社,2023.7(2024.7重印)

(哲人石丛书.当代科普名著系列)

ISBN 978-7-5428-7948-6

Ⅰ.①自… Ⅱ.①弗… ②米… ③杨… Ⅲ.①动物-进化-普及读物 Ⅳ.①Q951-49

中国国家版本馆CIP数据核字(2023)第063815号

责任编辑 陈 也
装帧设计 李梦雪

ZIRAN DE BEILUN

自然的悖论——合理与荒谬并存的进化之路

[法]弗雷德里克·托马 [法]米歇尔·雷蒙 著

杨 冉 译

出版发行 上海科技教育出版社有限公司
(上海市闵行区号景路159弄A座8楼 邮政编码201101)
网 址 www.sste.com www.ewen.co
经 销 各地新华书店
印 刷 上海商务联西印刷有限公司
开 本 720×1000 1/16
印 张 10.75
版 次 2023年7月第1版
印 次 2024年7月第2次印刷
书 号 ISBN 978-7-5428-7948-6/N·1185
图 字 09-2022-0875号
定 价 48.00元

Les Paradoxes de la Nature

by

Frédéric Thomas & Michel Raymond